新型农民阳光培训教材

蔬菜植保员培训教程

左晓斌　高　萍　安崇冠　主编

科学普及出版社
·北　京·

图书在版编目（CIP）数据

蔬菜植保员培训教程 / 左晓斌，高萍，安崇冠主编. —北京：科学普及出版社，2013.2

（新型农民阳光培训教材）

ISBN 978－7－110－07889－1

Ⅰ. ①蔬… Ⅱ. ①左… ②高… ③安… Ⅲ. ①蔬菜-病虫害防治-技术培训-教材 Ⅳ. ①S436.3

中国版本图书馆 CIP 数据核字（2012）第 259630 号

责任编辑 鲍黎钧
封面设计 鲍 萌
责任校对 赵丽英
责任印制 张建农

出版发行 科学普及出版社
地　　址 北京市海淀区中关村南大街 16 号
邮　　编 100081
发行电话 010－62173865
传　　真 010－62179148
投稿电话 010－62176522
网　　址 http://www.cspbooks.com.cn

开　　本 850mm×1168mm 1/32
字　　数 100 千字
印　　张 5
版　　次 2013 年 2 月第 1 版
印　　次 2013 年 2 月第 1 次印刷
印　　刷 北京市彩虹印刷有限责任公司

书　　号 ISBN 978－7－110－07889－1/S·521
定　　价 15.00 元

前言

进入21世纪以来，面临人口增加、耕地减少的严峻问题，随着社会经济水平的提高，为了满足日益增长的社会需求，我们必须通过调整农业结构，优化农业布局，发展高产、优质、高效、生态、安全的农业，在较少的耕地上生产出尽可能多、尽可能好的农产品。为此，我们组织专家编写了《蔬菜植保员培训教程》。

该书对蔬菜植保员岗位职责和蔬菜植保实用技术作了全面介绍，主要包括蔬菜植保员的岗位职责与素质要求、蔬菜病虫害发生特点及防治技术、农药（械）的基础知识、蔬菜苗期病虫害及防治、十字花科蔬菜病虫害及防治、瓜类蔬菜病虫害及防治、茄科蔬菜病虫害及防治、豆类蔬菜病虫害及防治、葱蒜类蔬菜病虫害及防治等方面。作为农业技术培训的重要教材，相信此书会使蔬菜植保员掌握更多的实用技术，成为蔬菜的良医。

该书编写难免有错漏之处，敬请读者批评指正。

编 委 会

目　录

第一章 蔬菜植保员概述

第一节 蔬菜植保员的素质要求

一、基本素质

蔬菜植保员是从事蔬菜生产过程中预防和控制病、虫、草、鼠等有害生物危害，并保证蔬菜食品安全生产的重要岗位，因此植保员一定要遵守职业道德和相关法规，完成好本职工作。作为一名合格和优秀的植保工作者应具备的职业道德有以下三个方面。

1. 勤奋学习，有所创新

蔬菜病、虫、草、鼠等有害生物的种类多、分布广、来源复杂，在诊断和防治上都有很大难度，加上植保科学发展迅速，新农药、新技术不断出现，这就要求植保员不断地学习充实自己，刻苦钻研，勤于思考，提高自己的业务能力，不仅从书本上学习，更重要的是在实践中不断总结经验，发现问题，带着问题去参加培训，参加各种交流展示会议，请教专家、和有经验的同行交流。

2. 爱岗敬业，热情服务

在选择了植保员这一岗位后，首先应充分认识植保员工作的意义和重要性，只有对本职工作有了充分认识后，才会热爱自己的工作，认识到自己所从事的职业的社会价值，从而产生责任感和使命感，激发自己的学习热情，在此基础上才能发挥自己的聪明才智，在工作中才能有所作为。

作为一名植保员在生产第一线从事病虫害的调查和防治工作，是为蔬菜生产和农户服务的工作。有时病虫害的发生是非常突然的，除要冷静处理还必须主动热情，这是作为植保员应具备的素质。

3. 遵纪守法，规范操作

植保员的工作与食品安全，人、畜安全以及环境保护息息相关，因此，我国政府十分重视植保工作并为此制定了相应的法律法规来规范植保工作的行为，以确保食品安全，人、畜安全以及农业可持续的发展。遵纪守法，按法律法规办事，严格执行操作标准，这不仅是植保工作规范化的需要，也是处理突发事故、解决纠纷和矛盾的依据。

二、职业素质

蔬菜植保员应掌握病虫发生、为害、防治的基础理论，并举一反三、活学活用。能够正确识别本地常发性病害和虫害，掌握常发性病害和虫害的发生规律，防治的关键时期和防治技术。了解防治方法的原理，特别是农药防治原理，正确地选用、科学使用农药，尽可能地采用农业防治、生物防治、物理机械防治的方法，提高病虫害防治水平。

(1) 正确认识农业防治、生物防治、物理机械防治、生物防治等方法对环境保护的重要作用。在病虫发生初期和末期，或次要病虫发生期，尽量使用综合治理，减少化学农药的使用。

(2) 在调查病虫发生时逐次做好记录，经过 2～3 年积累，初步掌握当地病虫发生“周年历”，其与蔬菜周年生产之间的关系，作为今后防治的参考。但要注意病虫的发生规律不是一成不变的，常常会因蔬菜种植结构改变而改变；因气象因子特别是异常气候变化而变化；因化学农药的不合理使用而变化等。所以，做好田间观察是因地制宜防治的基础。

（3）了解防治方法的原理，特别是农药的防治原理，正确认识化学农药对环境指数的冲击。切实注意农药使用中的“三 R”问题，正确地选用、科学使用农药，降低、控制环境中的农药“残毒”；防止、控制次要病虫上升为主要病虫或病虫的“再增猖獗”；防止或延缓病虫抗药性的产生。

（4）在认真学习基础理论的同时，要注意理论联系实际。根据有害生物与环境的相互关系，找出其生活史的薄弱环节，充分发挥自然控制因素的作用，协调应用各种措施，控制病虫的种群数量。根据病虫的分类知识，正确识别病原菌的种类和害虫种类，并根据农药作用机制，正确选用农药，根据病害侵染循环、害虫为害部位和特点等，正确选择防治的关键时期和施药方式。

三、蔬菜植保员的岗位职责

蔬菜植保员应认真执行“预防为主，综合防治”的病虫害防治方针。“从农业生态系统总体出发，根据有害生物与环境的相互关系，充分发挥自然控制因素的作用，因地制宜协调应用必要的措施，将有害生物控制在经济损害允许水平以下，以获得最佳的经济效益、生态效益和社会效益。”

在上级植保技术员的指导下，切实做好本地蔬菜病虫害及其他有害生物的预防和治理。安全、经济、有效地将病虫控制在经济阈值以下。严格执行农业部下达的“在蔬菜上严禁使用剧毒、高毒、高残留农药，提倡使用高效、低毒、低残留农药”方针，杜绝使用禁用农药。为生产绿色、无公害蔬菜提供有力保障。

（1）秋菜收获后，大量病原菌、害虫进入越冬期，彻底清除病残体，处理病原菌、害虫越冬场所。冬菜收获后、春菜种植前，进一步清除病残体，处理病原菌越冬场所，减少初侵染源；注意越冬害虫、苗期害虫的防治，控制虫口基数。

（2）在各茬蔬菜种植前，深耕、多耙、翻犁、晒白，处理土壤，消灭部分病原菌；消灭地下害虫及土壤中各虫态害虫。

（3）在某些蔬菜病害常发区，在预测病害发病前可施用保护剂，防止发病；一旦发病，迅速处理发病中心区，防止病害蔓延。

（4）在大田中，根据种植蔬菜种类确定有代表性的田块小区或种植行或植株，在害虫发生期（7～10天或盛发期3～5天）调查一次百株虫量或有虫株率，根据相关防治指标确定防治方法。害虫发生量在防治指标以下的，应选用农业防治、物理防治、生物防治等措施，将害虫控制在经济阈值以下；害虫的发生量在防治指标以上时，可考虑化学防治与其他防治措施相结合，安全、经济、有效地将病虫害控制在经济阈值以下。

（5）根据为害的病虫种类，正确选用农药；根据受害部位或为害特点选用正确的施药方式和防治的关键时期。做好防护，确保施药人员安全。

第二节　植保员应遵守的相关法规及考核标准

一、相关法律法规

我国制定的法律法规有很多，并且在不断修订和完善，我们只要了解与本职工作密切相关的法律法规即可。下面介绍与植保工作有关的法律法规的名称及重点内容（详细内容请参考相关书籍）。

1.《中华人民共和国劳动合同法》

2007年6月29日由全国人大常委会通过，于2008年1月1日施行。这是一部在社会主义市场经济条件下保护劳动者权利的大法，是在市场经济条件下各种用工形式和被雇佣者应遵循的法律依据，是在劳动合同中发生冲突时如何解决的法律依据。

2.《中华人民共和国种子法》

2000年全国人大常委会通过。其第四十八条：从事品种选育和种子生产、经营以及管理的单位和个人应当遵守有关植物检疫法律、行政法规的规定，防止植物危险性病、虫、杂草及其他有害生物的传播和蔓延。禁止任何单位和个人在种子生产基地从事病虫害接种试验。

3.《中华人民共和国农业法》

1993年7月全国人大常委会通过，2002年修订。明文规定“禁止生产和销售国家明令淘汰的农药、兽药、饲料添加剂、农业机械等农业生产资料”，“各级农业行政主管部门应当引导农业生产经营组织采取生物措施或者使用高效低毒低残留农药、兽药，防治动植物病、虫、杂草、鼠害。”

4.《植物检疫条例》

1992年经修订发布。《条例》规定，凡是种子、苗木和其他繁殖材料，不论是否列入应实施检疫的植物、植物产品名单和运往何地，在调运之前，都必须经过检疫。

5.《中华人民共和国经济合同法》

1999年全国人大通过。在市场经济条件下，经济合同是经常遇到的事情，如承包合同、雇工合同、买卖合同等，了解和运用合同法，就能保护当事人的合法利益，在出现矛盾和纠纷时就有法可依，使我们的经济活动有序地运行。

6.《植物检疫条例实施细则（农业部分）》

1995年由农业部发布，1997年修订。该实施细则明确规定各级检疫机构的职责范围，植物检疫证书的签发，植物检疫对象的划区、控制和消灭及调运，产地检疫，国外引种检疫等，并规定了具体的奖励和处罚事项。在规定的实施植物检疫名单中包括蔬菜作物的种子、种苗和运出发生疫情的县级行政区域的蔬菜产品。

7.《中华人民共和国农产品质量安全法》

2006年11月1日施行。这是一部非常重要的有关农产品生产的法规，其中第四章农产品生产中第二十四条农产品生产企业和农民专业合作经济组织应建立农产品生产记录，如实记载的事项有:（一）使用农业投入品的名称、来源、用量、用法和使用、停用日期；（二）动物疫情、植物病虫草害的发生和防治情况；（三）收获、屠宰或者捕捞的日期。农产品生产记录应当保存两年。禁止伪造农产品记录。

8.《农药管理条例》

1997年由国务院发布，2001年修订。内容包括农药登记、农药生产、农药经营、农药监督和农药使用等八章第四十九条。下面仅就第四章农药使用中的主要内容摘录如下。

第二十七条　农药使用者应当确认农药标签清晰，农药登记证号或者农药临时登记证号、农药生产许可证号或者生产批准文件齐全后，方可使用农药。农药使用者应当严格按照产品标签规定的剂量、防治对象、使用方法、施药适期、注意事项施用农药，不得随意改变。

第二十八条　各级农业技术推广部门应当大力推广使用安全、高效。经济的农药。剧毒、高毒农药不得用于防治卫生害虫，不得用于瓜类、蔬菜、果树、茶叶、中草药材等。

9.《农民专业合作社示范章程》

2007年7月1日农业部通过并施行。农民专业合作社是一种新的农村组织形式，是在新形势下农业发展的方向，可以认为是继“包产到户”和“联产承包”之后农村发展的新阶段，是我国农业现代化的必由之路，如何在农民专业合作社的组织中开展植保工作，将是蔬菜植保员必须了解和熟悉的内容。

除上述法规和条例外，凡是相关的法律都应了解，同时要经常注意由于生产形势的发展，国务院、农业部和相关部门会不断完善原来的法规或条例并会颁布新的法规或条例；上述法律法规不仅是植保员规范工作的依据，同时也是解决纠纷和矛盾的依据，同样是维护自身权利的武器。另外，各省或地、县根据本地区的具体情况，还应制定本省或本地区的《植保条例》，这些条例更符合本地区的实际情况，应认真学习和遵照执行。

二、植保员考核标准

植保员考核的标准应从三个方面衡量：一是思想品德方面的考核，植保员应具有爱岗敬业，遵守职业道德的基本素质；二是植保员应牢固掌握植保专业的基础知识；三是植保员应具有诊断病虫和田间调查的基本功及蔬菜病虫害防治的田间实际操作技能。

1. 爱岗敬业，善于学习，遵守职业道德

爱岗敬业是衡量植保员的基本标准，只有热爱自己岗位的人，认识本职工作的意义和赋予的社会责任，才能发挥自己的聪明才智，兢兢业业干好本职工作。

农业生产结构的不断变化，使得病虫害的情况也不断变化，新农药新技术不断出现。所以，要善于学习，不断钻研业务，掌握新的知识和新的技术。为了获得新的知识和技术，就应参加各种培训班，经常在电视、广播以及网络中学习。

由于植保工作关系到食品安全和人、畜安全以及环境保护等重大责任，因此，严格遵守职业道德，了解、认识和遵守相关的法律法规；认真贯彻我国的“预防为主，综合防治”的植保方针

和“公共植保”、“绿色植保”的理念；不使用禁止在蔬菜上使用的农药，规范操作是植保员所必须具备的素质。

2. 牢固掌握植保的基础知识

植保工作是专业性很强的技术工作，面对复杂而不断变化的农业生态环境，多种多样的农作物以及有害生物，为了做好本职工作，应牢牢掌握植保方面的基础知识。知识就是力量，知识就是做好植保工作的本钱。

农业方面的知识是非常广泛的，如作物、土壤、气象以及环保等方面，这些知识对做好植保工作都是十分重要的，但就植保专业方面的基础知识来说，应包括三个方面，即植物病害、农业昆虫和农药（械）三个方面的基础知识。首先要了解植物病害是怎样发生的，引起病害的原因有哪些，尤其是引起侵染性病害的真菌、病毒、细菌和线虫的特性，病害发生的规律，即病原物侵染的过程（病程）和侵染循环等。农业昆虫方面的基础知识，应了解害虫的种类、害虫发育和繁殖的规律，如何保护和利用害虫的天敌等。农药的基础知识是分清农药的种类、特性、科学合理的使用方法和注意事项以及使用和保养植保器械。

3. 熟练掌握实际操作能力

识病、认虫和合理使用农药的基本功是植保员应具备的。作为一名合格的植保员应该掌握当地主要蔬菜上发生病虫害的种类及发生规律，能对当地可能发生的病虫害作出初步的预测、估计和判断，提前做好防治工作的各项准备，做到心中有数，就要掌握田间调查的方法，根据田间调查得来的数据，经分析判断，得出最佳的防治时间和方法，做好综合防治计划。

在综合防治工作中，要充分认识我国“预防为主，综合防治”方针的实践意义，头脑里始终要有“防重于治”的观念，在综合防治中应以农业防治、物理防治、生物防治、化学农药防治互相协调应用，不要单打一地仅使用化学农药防治的方法，这样

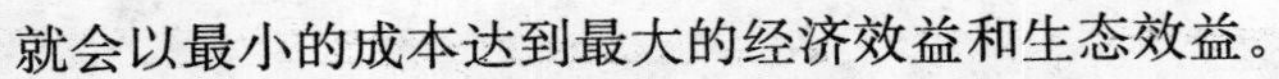

就会以最小的成本达到最大的经济效益和生态效益。

植保员应掌握的基本知识和实践操作能力，除农业生产全面知识外，对植保方面上述的专业知识应全面了解和掌握运用。在生产第一线的植保员必须了解病虫害预测预报的基本常识，掌握田间调查、统计和分析的方法，会制定防治某种病虫害综合防治方案和实施的能力。

第二章　蔬菜病虫害基本知识及防治

第一节　昆虫基础知识

昆虫属于动物界无脊椎动物节肢动物门昆虫纲，是动物界中种类最多、分布最广、种群数量最大的类群。动物界有350多万种，已知昆虫种类110多万种，约占动物界的1/3。昆虫不仅种类多，而且与人类的关系非常密切，许多昆虫可为害农作物，传播人、畜疾病。也有很多昆虫具有重要的经济价值，如家蚕、柞蚕、蜜蜂、紫胶虫、白蜡虫等，有的昆虫能帮助植物传播花粉，有的能协助人们消灭害虫。农业昆虫是指为害农作物的昆虫和天敌昆虫。

值得重视的是，蜘蛛纲的蜘蛛和螨类以及蜗牛和蛞蝓等虽然是农业害虫，但不是昆虫。

一、农业昆虫的重要类别

昆虫的分类地位是动物界节肢动物门昆虫纲，纲以下是目、科、属、种四个阶元，再细分可在各阶元下设“亚”级，在目、科之上设“总”级。

种是昆虫分类的基本阶元，并用国际上通用的拉丁文书写，由属名、种名和定名人三部分组成。了解和认识昆虫的分类是识别昆虫的基本常识，昆虫纲分33个目，其中与农业生产关系比较密切的有以下各目。

1. 鳞翅目

本目是昆虫纲中仅次于鞘翅目的第二大目，包括蛾和蝶两大类。成虫体翅上密布各种颜色的鳞片组成不同的花纹，这是重要的分类特征。全变态。成虫为虹吸式口器，幼虫为咀嚼式口器，大多数为植食性，多为重要的农业害虫，少数如家蚕、柞蚕是益虫。

（1）粉蝶科。如菜粉蝶，幼虫菜青虫。

（2）螟蛾科。如豆荚螟、玉米螟。

（3）夜蛾科。如棉铃虫、斜纹夜蛾、小地老虎。

（4）菜蛾科。如小菜蛾。

2. 鞘翅目

鞘翅目是昆虫纲中最大的目，通称为“甲虫”，体壁坚硬，口器为咀嚼式口器，多数植食性，少数肉食和粪食性；成虫有假死性，大多数有趋光性。

（1）金龟总科。成虫体型较大，鞘翅坚硬，幼虫称为蛴螬，生活在地下或腐败物中，如华北大黑鳃金龟、铜绿丽金龟是北方重要的地下害虫。

（2）叶甲科。体型多为卵形和半球形，多有金属光泽，故有“金花甲”之称。如黄条跳甲。

（3）瓢甲科。体型小，体背隆起呈半球形，鞘翅常具有红色、黄色、黑色等星斑。多数为肉食性，如捕食蚜虫的七星瓢虫；少数为植食性害虫，如二十八星瓢虫。

3. 同翅目

刺吸式口器，不完全变态，分有翅型和无翅型，长翅型和短翅型等多型现象，全部为植食性。

（1）蚜科。如蚜虫，常有世代交替或转换寄主现象，同种有无翅和有翅两种类型。

（2）粉虱科。如温室白粉虱、烟粉虱。

（3）叶蝉科。如绿叶蝉。

（4）飞虱科。如稻灰飞虱、褐飞虱等。

（5）蚧总科。如吹绵蚧、粉蚧。

4. 双翅目

包括各种蚊、蝇等。

（1）食蚜蝇科。多为捕食性，可捕食蚜虫、介壳虫等害虫。如大灰食蚜蝇。

（2）潜蝇科。如美洲斑潜蝇。

5. 直翅目

咀嚼式口器，不完全变态，多为植食性。

（1）蝗科。如东亚飞蝗。

（2）蝼蛄科。如华北蝼蛄。

6. 半翅目

通称为椿象，如稻绿蝽。

7. 膜翅目

本目包括各种蜂和蚂蚁。主要的科是赤眼蜂科：能寄生在多种昆虫的卵中，如，小赤眼蜂，是当前生产上防治玉米螟的重要天敌昆虫。

附：农业害螨

螨类不同于昆虫。螨类有红蜘蛛、锈壁虱。螨类属于节肢动物门、蛛形纲、蜱螨目。螨类体型小，肉眼很难看见。螨类不分头、胸、腹，体型为卵形或椭圆形，口器分为咀嚼式和刺吸式。螨类的繁殖多数为两性卵生，经卵、幼螨、若螨、成螨。螨类多为植食性，也有能捕食其他害螨的螨类，可在生物防治中利用。

（1）叶螨科。通称红蜘蛛，全部为植食性，重要的害螨有棉红蜘蛛（朱砂叶螨）、二斑叶螨、山楂红蜘蛛、苹果叶螨等。

（2）跗线叶螨科。重要的害螨是茶黄螨等。

（3）真足螨科。也称红蜘蛛，重要的害螨是麦圆红蜘蛛等。

（4）叶瘿螨科。通称锈壁虱，重要的害螨有柑橘锈壁虱、葡萄锈壁虱等。

（5）粉螨科。重要的害螨是粉螨，为仓库害螨。

（6）植绥螨科。主要有智利小植绥螨、盲走螨、纽氏钝绥螨等，均是叶螨类的天敌，用于温室防治多种红蜘蛛。

二、昆虫的形态和繁殖

1. 昆虫的形态特征

昆虫最主要的特征是其成虫的体躯明显的分为头、胸、腹三段，胸部一般有两对翅，三对足。根据这些特征就能与其他节肢动物区分开来。

（1）头部。头部着生触角、眼等感觉器官和取食的口器。触角的形状因昆虫的种类和性别而有变化。昆虫的眼一般有复眼和单眼。昆虫的口器有多种类型，如具有虹吸式口器的蝶类、蛾类，其幼虫常常是咀嚼式口器；舔吸式的蝇类；锉吸式的蓟马。

农作物上主要害虫的两类口器：一是咀嚼式：如蝗虫、小菜蛾、菜青虫、棉铃虫等。具有咀嚼式口器的害虫咬食植物叶片造成缺刻、孔洞，或吃掉叶肉仅留叶脉；钻蛀茎秆或果实的造成空洞和隧道，为害幼苗的咬断根茎。二是刺吸式：如蚜虫、白粉虱、叶蝉等，刺吸式口器的害虫以取食植物汁液来为害植物，在被害处形成斑点或造成破叶，严重时引起畸形，如卷叶、皱缩、虫瘿等，很多刺吸式害虫是植物病毒的传播者，因传毒造成的损失往往比害虫本身造成的损失还要大。

（2）胸部。胸部分前胸、中胸和后胸。每节胸的侧下方着生一对足，分别称为前足、中足和后足。中胸和后胸背上各有一对翅。昆虫的翅有透明的膜翅，如蚜虫、蜂类；有保护和飞翔作用的覆翅，如蝗虫、蝼蛄等；有蛾、蝶类的鳞翅等。昆虫翅的类型是昆虫分类的主要依据。

（3）腹部。一般由 9～11 节组成。腹内有内脏器官和生殖器官。昆虫雄性外生殖器叫交尾器，雌性外生殖器称为产卵器。昆虫可将卵产在植物体内或土壤中，也有产在寄主虫体内的。

（4）昆虫的体壁。昆虫的体躯被骨化的几丁质包被，称为外骨骼。其功能是保持体形、保护内脏、防止体内水分蒸发和外物侵入。体壁上有鳞片、刚毛、刺等。上表皮的蜡层、护蜡层均会影响昆虫体表的黏着性，所以具有脂溶性好、又有一定水溶性的杀虫剂能通过昆虫的上表皮和内外表皮，表现出比较好的杀虫效果。同一种的昆虫低龄期比老龄期体壁薄，药液比较容易进入体内，因此在低龄期施药，药效能大大提高。

2. 昆虫的繁殖和发育

（1）生殖方式。昆虫是雌雄异体动物。绝大多数昆虫需经过雌雄交尾，再由产出体外的受精卵发育成新的个体，这种繁殖方式称为有性生殖。但有些昆虫的卵不经过受精也能发育，这种繁殖方式称为孤雌生殖。孤雌生殖对昆虫的扩散具有重要作用，因为只要有一头雌虫传到一个新的地方，在适宜的环境中就能大量繁殖。害虫还有一种繁殖方式叫卵胎生，即卵在母体内发育成幼虫后才产出体外的生殖方式。

（2）龄期。昆虫的发育是从卵孵化开始的，从卵孵化出的幼虫叫一龄幼虫，经第一次蜕皮后的幼虫为二龄幼虫，以后类推。从前一次蜕皮到后一次蜕皮的时间称为龄期，一般昆虫在三龄期以后因外壁和蜡质加厚往往抗药性增强。因此，三龄幼虫前进行化学药剂防治效果较好。幼虫发育到成虫以后便不再蜕皮。

（3）发生世代。从卵孵化经几次蜕皮后发育为成虫的过程称为一个世代。经过越冬后开始活动，至翌年越冬结束的时间称为生活史，不同的昆虫因每一世代长短不同，所发生的世代也不同，有的昆虫一年只发生一个世代，有的昆虫几年才完成一个世代，如金龟子；但多数昆虫一年能发生几个世代，如蚜虫、棉铃虫、小菜蛾等。昆虫一年能发生多少世代，常随其分布的地理环境不同而异，一般南方的昆虫比北方的昆虫发生的世代多。

经越冬后昆虫出现最早的时间称始发期，在一个生长季中昆虫发生最多的时期称为盛发期，昆虫快要终止发生时称为发生末期。不少昆虫由于产卵期拉得很长以及龄期的差异，同一世代的个体有先有后，在田间同一个时期，可以看到上世代的个体与下一个世代的个体同时存在的现象，这称为世代重叠或世代交替。

（4）变态类型。昆虫从卵孵化到成虫性成熟的发育过程中，除内部器官发生一系列变化外，外部形态也发生不同形体的变化，这种虫态变化的现象称为昆虫的变态。常见的变态有以下两种。

1）不完全变态：昆虫一生经过卵、若虫、成虫三个阶段，若虫的形态和生活习性和成虫基本相同，只是体型大小和发育程度上有所差别。如蝗虫、叶蝉、椿象等。

2）完全变态：昆虫一生经过卵、幼虫、蛹、成虫四个阶段，幼虫在形态和生活习性上与成虫截然不同，完全变态必须经过蛹期才能变为成虫。如菜青虫、烟青虫、金龟子等。

三、昆虫的习性

1. 昆虫的食性

（1）植食性。以植物及其产品为食的昆虫称为植食性昆虫。植食性昆虫的食性是有选择性的，有的昆虫只吃一种作物，如小麦吸浆虫、豌豆象，称为单食性害虫；有的吃某一类作物，如菜青虫，只吃十字花科蔬菜，称为寡食性害虫；有的吃多种不同植物，如棉铃虫、地老虎、蝼蛄等，称多食性害虫。

（2）肉食性。以活的动物体为食的昆虫称为肉食性昆虫。肉食性昆虫多数是益虫，如捕食性的瓢虫、草蛉以及寄生性的赤眼蜂、丽蚜小蜂等。

（3）腐食性。以动物的尸体、粪便和腐烂的动植物组织为食的昆虫，称为腐食性昆虫。如食粪蜣螂。

2. 多型现象

在同一种群中往往存在习性上和形态上多样化的现象，如白蚁是营家族性生活，各有不同分工，有蚁皇、蚁后、兵蚁、工蚁等，蚜虫有无翅型和有翅型，飞虱有短翅型和长翅型之分，这种现象叫作多型现象。

3. 补充营养

昆虫发育到成虫后，为了满足性器官发育和卵的成熟，需要补充营养，如黏虫、地老虎和草蛉，利用这一特性，可以用糖蜜诱杀黏虫和地老虎的成虫，也可以在早春种植蜜源开花植物招引天敌昆虫草蛉来栖息。

4. 昆虫的趋性

在生产上有重要作用的是昆虫的趋光性和趋化性。大多数夜出活动的昆虫，如蛾类、金龟子、蝼蛄、叶蝉、飞虱等，有很强的趋光性，这是黑光灯诱杀害虫的科学依据。蚜虫、白粉虱、叶蝉等对黄色有明显的趋向性，这是黄板诱杀的原理。趋化性是昆虫对某些化学物质刺激的反应，昆虫在取食、交尾、产卵时尤为明显，如菜粉蝶趋向含有芥子油的十字花科蔬菜，利用糖醋诱杀害虫也是利用昆虫的趋化性。

5. 群集性

有些昆虫具有大量个体群集的现象。如地老虎在春季常在苜蓿地、棉苗地大量发生，但经过一段时间后，这种群集就会消失，而飞蝗个体群集后就不再分离。

6. 扩散与迁飞性

蚜虫在环境不适宜时，以有翅蚜在蔬菜田内扩散或向邻近菜地转移；东亚飞蝗、黏虫、褐飞虱等害虫则有季节性的南北迁飞为害的习性。

四、害虫的发生与环境的关系

影响害虫发生的时间、地区、发生数量以及为害程度是与环境密切相关的。影响害虫发生的时间及为害程度的环境因素，主要有以下三方面。

1. 食物因素

农作物不仅是害虫的栖息场所，而且还是害虫的食物来源，害虫与其寄主植物世代相处，已经在生物学上产生了适应的关系，也就是害虫的取食具有一定选择性，既有喜欢吃的植物也有不喜欢吃的植物。如保护地种植的番茄、辣椒是白粉虱喜欢的寄主，容易造成大发生，甚至大暴发；而种植芹菜、蒜黄等白粉虱不喜欢吃的植物就可避免大发生。所以，改变种植品种、布局、播期以及管理措施等都可以很大程度上影响害虫的发生程度。

2. 气象因素

气象因素包括温度、湿度、风、雨等，其中温度、湿度影响最大。昆虫是变温动物，其体温随环境温度的变化而变化，所以昆虫的生长发育直接受温度的影响，可以影响害虫发生的早晚，每年发生的世代数。湿度与雨水对害虫的影响表现是，有些害虫在潮湿雨水大的条件下不易存活，如蚜虫、红蜘蛛喜欢干旱的环境条件。

3. 天敌因素

害虫的天敌是抑制害虫种群的十分重要的因素，在自然条件下，天敌对害虫的抑制能力可以达到20％～30％。不可低估天敌的抑制能力。了解和认识昆虫的天敌是为了保护和利用天敌，达到抑制或防治害虫的目的。害虫天敌是自然界中对农业害虫具有捕食、寄生能力的一切生物的统称，昆虫的天敌主要包括以下三类。

（1）天敌昆虫。包括捕食性和寄生性两类。捕食性的有螳螂、草蛉、虎甲、步甲、瓢甲、食蚜蝇等。寄生性的以膜翅目、双翅目昆虫利用价值最大，如赤眼蜂、蚜茧蜂、寄生蝇等。

（2）致病微生物。目前研究和应用较多的昆虫病原细菌为芽孢杆菌，如苏芸金杆菌。病原真菌中比较重要的有白僵菌、蚜霉菌等。昆虫病毒最常见的是核型多角体病毒。

（3）其他食虫动物。包括蜘蛛、食虫螨、青蛙、鸟类及家禽等，它们多为捕食性（少数螨类为寄生性），能取食大量害虫。

第二节　植物病害基础知识

一、植物病害概述

植物生长离不开土壤、阳光、空气、水等条件。在这些植物生存所必需的生态环境中，存在着诸多影响植物正常生长的因素。当植物在生长发育过程中，在一定的外界条件下，或人为因素的影响下，由于生物或非生物致病因素的持续作用，其正常的生理功能会受到干扰，如不能恢复正常，则会导致一系列生理功能上的病理变化，生长发育失常，在组织和形态上发生病变，造成产品数量、质量的降低和经济上的损失，这就是植物病害。

病害包括生物因素和非生物因素。单纯的机械损伤、旱涝冰雹以及昆虫、鸟兽的伤害而并不引起生理功能上的病变，这样的伤害，不属于植物病理学研究的范畴。所以只有能引起植物生理功能紊乱和一系列病变过程的才可称为植物病害。引起病害的因素，简称“病因”。

引起植物病害的因素可分为两大类。

1. 生物因素

生物因素主要是指能侵染和寄生在植物上的多种真菌、细菌、病毒、类菌质体、线虫以及寄生性种子植物等。这些能引起植物病害的寄生物称为病原物，被寄生的植物叫寄主。寄生在寄主植物上的病原物，吸取植物的营养进行生长繁殖，后经风、雨、昆虫或其他传媒介体传播到健康植株上进行再侵染，引起寄主植物发病。所以，由生物因素引起的病害，又称为传染性病害或侵染性病害，即通常称为的传染病。

2. 非生物因素

另一类病害，是由非生物因素引起的病害称为非侵染性病害，通常称为生理病害。如缺素症，由于营养失衡，代谢失常引起的番茄筋腐病和缺钙引起的脐腐病，因肥水管理不当引起的"沤根"，局部高温和强光照引起的"日烧病"，化学农药使用不当引起的药害以及大气污染、土壤有毒物质和污水灌溉等都能对植物造成危害。这些均属于生理病害。由于生理病害常常导致植物生长势衰弱、抗病力下降，容易受到各种病原物的侵染，导致发病，所以生理病害和侵染性病害有密切关系。在症状诊断上有时很难区分传染性病害和非传染性病害，尤其是病毒病害，这就需要认真调查和分析发生的原因，环境状况以及栽培管理情况，正确判断发病原因。

二、植物非侵染性病害

非侵染性病害的诱因很多，主要是来自于土壤、大气环境、环境污染以及由于栽培管理不当引起的危害。造成的非侵染性病害的症状也是非常复杂的，在诊断上不容易区分，易造成误诊，尤其与病毒病害的症状混淆不清。侵染性病害具有从点片发生逐步发展蔓延的过程，而非侵染性病害则出现均匀一致的症状，没有明显的蔓延过程。精确的诊断还需要专业的化验分析来确诊。

1. 药害

药害产生的原因往往是农药使用浓度过高，或使用过期失效的农药，混配不当，或由于某些蔬菜对农药敏感，容易引起药害等。在生产实践中有时会将药害当成病害盲目地防治，所以对药害的识别是非常必要的。如，黄瓜对石灰特别敏感，所以黄瓜施用波尔多液时要谨慎使用，而蔬菜幼苗对波尔多铜离子反应敏感。

除草剂是杀伤高等植物的药剂，即便是具有选择性的除草剂，对栽培的蔬菜也有不同程度的杀伤作用，甚至前茬使用的除草剂对后茬作物也有很大影响，所以使用除草剂时要特别注意药害问题。邻近作物使用2，4-D丁酯除草剂飘移到蔬菜上，或在棚室内存放2，4-D丁酯气体的熏蒸作用，会造成新叶不能正常展开，变成线状皱缩的畸形叶，呈蕨叶型，常常误诊为病毒病害；使用高浓度蘸花激素或多次蘸花，易造成番茄畸形果、裂变果和空洞果。

2. 缺素症

植物所需的大量元素（如氮、磷、钾、钙、镁、硫）和微量元素（如铁、锰、锌、铜、硼、钼等），如果缺少或比例失衡，植物不能正常吸收利用时，就会呈现缺素现象，尤其在北方保护地蔬菜种植的棚室土壤里，因长年连续种植一种或几种蔬菜而造成缺素现象非常普遍。如番茄脐腐病，在果实顶端脐部出现深褐色凹陷的病斑，病因是缺钙引起的，实际上土壤里并不缺钙离子，而是钙离子处于不能被植物吸收的状态，或由于过量使用磷、钾肥而抑制钙离子的吸收，而高温、干旱也会影响钙离子的吸收。另一种普遍发生的缺素症是缺铁白化病，植物叶片内缺乏铁离子，则不能形成叶绿素，使植物呈现白化。缺铁白化一般出现在新叶上而老叶正常。番茄筋腐病症状是病果坚硬，形成褐色条纹，切开病果有坏死筋腐条纹，病因是由于代谢紊乱造成体内缺乏锌、镁、钙等多种元素的缺素症。缺硼引起顶芽或嫩叶基部变淡绿，茎叶扭曲，根部易开裂，心部易坏死，花粉发育不良影响授粉结实。如萝卜褐心，菜花空茎等现象。

3. 有毒物质

邻近工厂的菜田会因工厂排出的烟、废气、污水以及汽车的尾气、粉尘等影响，而不能正常生长；土壤 pH 值失调易使铁、锰、锌、铜、铝等金属元素流失而不利于吸收，导致植物中毒或干扰钙元素的吸收；由于大量施用未腐熟的粪肥、绿肥，则出现嫌气发酵产生的硫化氢等多种有毒物质，常常造成蔬菜苗黑根、沤根现象。

4. 温度失调

高温、强光条件下，向阳果面的番茄、辣椒会发生日烧病，高温会造成叶片叶缘向下卷曲，萎蔫、干枯，甚至死苗；高温还会造成黄化、裂果等症状；低温会造成黄瓜的花打顶现象，或造成授粉不良而影响结果。

三、侵染性病害的发生和流行

寄主植物遭受病原物的侵染后，经一系列病理变化，产生可见的症状，发病显症往往是从个别植株开始，逐渐蔓延至大面积的发生，这种由点片到大面积发病的过程，称为病害的流行。植物侵染性病害的发生和流行必须具备 3 个基本条件，即能致病的病原物、大量感病的寄主植物和适宜发病的环境条件。3 个条件中，如果缺少其中任何一个条件，都不能形成病害流行。因此，人们把寄主、病原物和环境条件称为侵染性病害发生和流行的三要素。

1. 寄主

植物在自然环境中，如原始森林或天然草原中，在野生植物上虽然能看到各种各样的病害，但很少发展到毁灭性的程度。而栽培作物的情况则不同，大面积种植单一类的作物，单一品种、纯系品种，减少了种间和种内的差异性，有利于病原物的传染和繁殖。种植品种能抵抗某种主要病害，但可能容易感染另外的一些次要病害，一旦次要病害遇到适宜其大发生的传播条件时，次要病害就会大流行，上升为主要病害。总之，在自然条件下，由于种间和种内存在异质性，加上自然选择结果，寄主与病原物之间的相互斗争逐步达到“自然平衡”，病原物不会绝种，寄主也不会被毁灭。但在农业栽培条件下，虽然通过各种防治方法减少某种病害的发生，这也会使其他的病害适应寄主的条件，造成发生和流行，维持一种潜在的平衡关系。

2. 病原物

病原物群体中存在差异，不同菌系或小种之间对寄主品种的致病性常有明显分化，当致病小种占优势时，病害易流行发生。如果检疫工作疏漏，引入了外来新的病原物，这也是造成病害流行的重要因素。病原菌的数量对病害的流行也有很大影响，如黄瓜枯萎病、茄子黄萎病以及根结线虫病，只有在土壤中的病原物积累到一定数量时，才会大发生。

3. 环境条件

环境条件包括土壤、气候、栽培管理等因素，这些因素对病害的影响非常大，可以影响病害发生的各个环节，不仅能影响病原物的越冬、传播、侵染以及繁殖，还可影响病害流行发生的早晚、发生的程度和发生的面积等。环境条件同样可以影响寄主植物，在不利于寄主植物正常生长的条件下，致使其抗病性降低，也容易导致病害的流行。

总之，病害流行的基本条件：首先是集中栽培了易感病的寄主植物，其次是有大量致病性强的病原物存在，并且具备有利于病原物的侵染、繁殖、传播、越冬，而不利于寄主植物的抗病性的气象、土壤因素以及栽培管理条件，三者同等重要，缺一不可。生产实践中，在田间并非总是同时存在这三个基本要素，在不同地区，不同年份经常会有很大变化，常出现不利病害流行或限制病害流行的因素，在三个因素中能控制、限制、左右病害流行的因素，又称为主导因素。例如，流行性很强的黄瓜霜霉病，在品种和病原菌没有改变的情况下，霜霉病能否流行，取决于黄瓜叶片上露水和水膜形成的时间和程度，有经验的菜农，通过通风调节温、湿度，控制叶片结露和水膜的形成，以达到控制霜霉病流行的目的，这就是生态防治的原理。

因此，经常调查、分析和认识病害流行中的主导因素是病害预测预报和防治中的重要环节。

四、病害的外部病状

病状是发病植物本身表现出来的不正常状态，既表现外部病状，也出现组织内部病状，一般在诊断上是观察外部病状，外部病状可归纳为以下五大类别。

1. 萎蔫

植物根茎的维管束受到破坏，阻碍水分正常运输，造成叶片和植株的萎蔫下垂，常见的如枯萎病和黄萎病。

2. 变色

变色是指植物受侵染后，主要在叶片、果实上及花上细胞色素发生的变化，但植物细胞并没有死亡，只是颜色与正常植株不同，可能是整株也可能是局部颜色的改变，主要表现以下几种。

（1）褪绿。叶绿素减少，叶片均匀褪色，呈浅绿色。

（2）黄化。叶绿素不能形成或减少，叶黄素增多，颜色变黄。

（3）红化。由于红色花青素积累，使叶色变红或紫红色。

（4）银叶。叶色均匀变白，呈银白色，如西葫芦银叶病。

（5）花叶。叶色浓淡不均，变色部分轮廓清晰，呈镶嵌状。

3. 腐烂

植物组织大面积分解和腐败，细胞消解，组织破坏，常伴有特殊气味或流胶出现，常见的有软腐和干腐，根据腐烂发生的部位又可分为根腐、茎腐、果腐、花腐等。

（1）软腐。细胞壁中胶层被病菌消解，细胞离析，组织软烂。

（2）干腐。坏死细胞消解缓慢，腐烂组织水分蒸发，使组织干缩。

4. 畸形

受害组织的细胞分裂异常，造成促进性或抑制性病变，致使植株全株或局部表现畸形。常见的有以下几种情况。

（1）矮缩。节间生长受到抑制，节间变短，植株矮缩。

（2）丛生。植株的侧芽成丛长出许多分支或叶片，俗称疯枝。

（3）皱缩。叶脉生长受到抑制而叶肉照常生长，使叶片凹凸不平。

（4）卷叶。叶片卷曲，不能展开。

（5）蕨叶、线叶。叶片变窄，形似蕨类植物叶形。

（6）根结、根瘤。根结主要发生在侧根上，形成大小不同的瘤状物，形同鸡爪；根瘤发生在近地面根部，形状不规则的瘤。

5. 坏死

植物部分细胞和局部组织死亡，但保持原有细胞和组织的外形轮廓，并伴随颜色的变化，往往由绿色变为褐色或灰白色。常见的有以下几种病斑。

（1）角斑。病斑扩展受叶脉限制，形成多角形病斑。

（2）条斑、圆斑。坏死斑呈条状称条斑；形成圆形或椭圆形，又有大斑、小斑和黑斑、褐斑等之分。

（3）轮纹。病斑呈同心轮状，形成色泽深浅不一的轮纹。

(4) 穿孔。病斑坏死组织脱落，形成穿孔。

(5) 叶烧。叶尖或叶缘组织快速而大面积死亡干枯，颜色变褐，像是火烧状。

如果坏死发生在幼苗的根或茎基部，完全阻断水分和营养物质的输导，可造成以下病状。

(1) 猝倒。植株幼苗死亡并迅速倒伏。

(2) 立枯。整株逐渐枯死，站立而不倒伏。

(3) 青枯。造成地上部迅速失水死亡，但植株保持绿色，称为青枯。

五、侵染性病害的诊断步骤

病害的诊断是一项十分复杂且重要的工作，只有通过正确的诊断才能“对症下药”，采取正确的防治措施，达到预期的目的和效果。

生产中遇到的植物病害的种类繁多，每种病害的症状和发生规律又不相同，甚至存在很多差异。因此，要正确地判断出疑难病害，必须掌握前面介绍的基本知识和诊断的必要步骤。

诊断工作包括症状观察、田间调查和鉴定病原物三个步骤。

1. 要进行现场的症状观察

在田间观察时首先要区分是否是虫害或其他伤害，是不是喷药引起的药害，或水肥管理不当、温湿度不适引起的非侵染性病害，当排除上述的伤害或非侵染性病害后，我们应连续观察症状的发展情况，进行下面的诊断工作。

2. 进行田间调查

侵染性病害往往是由很小的病斑或中心病株逐步发展扩大的，在田间有从点扩大成片的趋势，再进一步发展会在病部出现霉状物、粉状物或溢脓等病症，根据这些病症往往可以初步诊断出病害的种类，如果还不能确定，就要进行进一步鉴定。

3. 进行室内病原鉴定

借助显微镜对病原物作进一步的观察和鉴定，如果是疑难或新发现的病害，还必须经过对病原物的分离、培养和人工接种，经过人工接种后出现与原来完全相同的症状，最后才能确定所分离的病原物是致病菌，即通过柯赫氏法则的诊断。

在生产中病害的诊断主要靠病害的症状，病害症状是侵染性病害和非侵染性病害在形态上可见的综合表现，一般分为病状和病征两个部分。病状是植物本身出现的不正常状态，病征则是在发病部位产生的病原物的繁殖体如霉状物、粉状物、锈状物或菌脓等特征。大部分病害的名称就是根据病状或病征而得名的，所以认识病状或病征是做好病害诊断的重要依据。当出现上述某些病征时比较容易地鉴别出是哪一种病害，病征是大多数真菌病害和细菌病害具有的特征，而非侵染性病害以及病毒病害是没有病征的。

六 、几类侵染性病害的诊断方法

1. 细菌病害的诊断

细菌病害的主要症状有斑点、溃疡、腐烂、萎蔫和畸形。细菌侵染引起的叶斑初期呈油浸状半透明状，病斑常被叶脉限制呈多角形，如黄瓜细菌角斑病；有的褪绿病斑外面出现黄色晕圈，如菜豆细菌性疫病。病斑发展后期，在潮湿的气候条件下，从病部往往会出现黏稠状菌脓。造成腐烂性的细菌病害有臭味。萎蔫性细菌病害，可见维管束变成褐色，用手挤压能从维管束流出黏液，也可将病组织洗净，剪下一小段放在盛水的瓶里，经过一段时间后，可看到剪口处流出浑浊的菌液。在室内可将病部切取一小段，放在玻片的水滴中，在显微镜下观察，在切口处会有乳白色云雾状菌液流出，基本可以确定为细菌病害。

2. 线虫病害的诊断

线虫在土壤中的危害往往不容易被人发现，常出现的症状是缓慢的衰退现象，如植株矮小、叶片黄化、结果小而少；根部出现丛生、肿瘤、根结如鸡爪状。在室内可做成病理切片进行显微镜观察。

3. 真菌病害的诊断

真菌病害的主要病状有变色、坏死、萎蔫和畸形；病征常出现霉状物（白色、灰色和黑色霉状物）、粉状物、锈状物等，在田间病状结合病征基本可以确诊；如果不能确诊，就要进行上面所述的室内鉴定方法。

4. 病毒病害的诊断

病毒病害的病状多为花叶、黄化、卷曲、皱缩和矮化等，病毒病只有病状而没有病征，大多数是全株发病。在诊断病毒病害时要注意两个问题，一是在高温气候条件下，病毒病害有症状隐蔽现象，当气温恢复正常后症状会重新出现；二是要注意与非侵染性病害（即生理病害）的区别，如叶片黄化可能是因施肥不当引起的缺素症，也可能是病毒侵染引起的病毒病害，如若确诊，首先要分析施肥、灌水以及气候和土壤与发病的关系，在田间进行系统观察，如果是生理病害在田间出现的症状往往是普遍而均匀一致的，而病毒病害会有个扩展的趋势，即向外发展的过程。最后还必须通过嫁接、汁液摩擦或昆虫传毒等接种试验来证明其传染性才能确诊。

七、病害的侵染过程和侵染循环

1. 侵染过程（简称病程）

病程包括侵入前期（接触期）、侵入期、潜育期和发病期。

（1）侵入前期。病原物从越冬或越夏场所，传播到植物感病点，病原物可以通过主动和被动方式与植物接触，接触后，有一段生长或繁殖的阶段，积蓄侵染能力以达到侵入的目的，从病原物到达感病点至侵入前的一段时间称为侵入前期，这是病害防治的重要时期。

（2）侵入期。当病原物与植物接触后，往往通过伤口、自然孔口侵入，病原物从侵入开始，便与寄主建立了寄生关系，通过内寄生或外寄生从植物组织中获取营养。

1）直接侵入。又称表皮侵入。这是许多病原真菌和线虫的主动侵入方式，而细菌、病毒和其他病原物不能直接侵入。如番茄炭疽病菌、灰霉病菌孢子萌发产生芽管，在芽管的顶端形成压力胞，压力胞牢固的黏附在寄主表皮上，然后在压力胞中央生出一个侵入钉，在侵入钉的机械压力和酶的分解联合作用下，穿透角质层和细胞壁，延伸到寄主细胞内形成侵染菌丝，以菌丝吸取营养。

2）自然孔口侵入。植物体表有气孔、水孔、皮孔、蜜腺等。许多真菌、细菌由上述自然孔口侵入，从气孔侵入比较普遍，如黄瓜霜霉病菌或细菌性角斑病菌。黄瓜霜霉病菌孢子在叶片萌发后生成芽管，芽管伸长侵入气孔，侵染菌丝在细胞间延伸，接触细胞生出芽管深入细胞内吸取营养，建立寄生关系，完成侵入。

3）伤口侵入。植物体表受机械损伤，如整枝打杈，害虫造成的伤口，以及叶痕和支根形成的自然伤口，都是许多病菌侵入的途径。多数病菌能从伤口侵入，又可以从自然孔口侵入，而病毒只能从伤口侵入，而且要求是新鲜的微伤，介体昆虫、机械摩擦和嫁接造成的微伤是病毒的主要侵染途径。要完成侵入还需要适宜的湿度和温度。

（3）潜育期。从病原物侵入一直到表现明显症状为止的一段时间称为“潜育期”。潜育期是病原物在植物体内生长蔓延和繁殖的时期，也是寄主植物对病原物的扩展表现不同程度的抵抗性过程。植物病害种类不同，其潜育期长短有很大差别。有时病原物侵入植物组织后，由于环境因素和寄主抗性等原因，病原物不能扩展而处于休止状态，受侵染植物也不表现任何症状，只是暂时潜伏在寄主植物的某个部位，一旦寄主抗性降低或环境适宜病原物生长，植物才开始表现症状，这种现象称为潜伏浸染。

（4）发病期。病原物入侵后，经过潜育期，出现症状进入发病期。此时是病原物迅速扩展和繁殖的时期，也是植物组织受到严重破坏的时期，往往在发病部位长出许多病原物的繁殖体，如真菌病害的霉状物（即各种分生孢子）或细菌病害的菌脓等。

2. 侵染循环

侵染性病害从上一个生长季发病到下一个生长季再度发病的全部过程称为侵染循环。侵染循环包括病原物的越冬、越夏，病原物的传播，初侵染和再侵染三个环节。

（1）越冬、越夏。在北方，真正意义上的越冬、越夏是指露地蔬菜和大田作物，如小麦收获后，小麦锈病有越夏问题；玉米收获后，大、小斑病有越冬问题，但在蔬菜作物上，尤其是保护地蔬菜，根本不存在真正意义上的越冬越夏。这里所说的越冬越夏实际是前茬作物收获后，下一茬作物种植前的空闲期，也就是前茬蔬菜收获，没有寄主植物，病害停止活动的休止时期。

病原物的越冬和越夏包括在寄主内存活、营腐生生活和在寄主体外休眠三种方式。

1）在寄主体内存活。如马铃薯晚疫病菌以菌丝体在受侵染的块茎中越冬，病毒病可在种苗、传毒昆虫和野生杂草中越冬。

2）营腐生生活。是指腐生能力强的病菌，当田间没有适合的寄主时，它们可在植物病残体上或土壤肥料中营腐生生活，度过不良环境后，再遇到适宜的寄主后侵染危害，如引起立枯病的丝核菌和引起蔬菜幼苗猝倒病的腐霉菌。

3）在寄主体外休眠。是指产生休眠器官的病菌，如产生的卵孢子、厚垣孢子、菌核、菌丝体等，线虫的卵、幼虫、成虫以及细菌，均可休眠越冬、度过不良环境，越冬场所有土壤、粪肥、病残体、或黏附在种苗、寄主表面休眠越冬。由于病原物的越冬和越夏期间处于不活动状态，又比较集中，是病害侵染循环的薄弱环节。因此，了解病原物的越冬和越夏场所，并采取相应的防治措施，可达到良好的防治效果。

一般病害次侵染来源，就是病原的越冬或越夏的场所，其中包括种子、苗木和繁殖材料，田间病株，病株残体，土壤，粪肥以及昆虫或其他介体等。

（2）病原物的传播。经过越冬或越夏的病原物，经扩散与寄主植物接触并引起发病，要通过病原物的传播环节来完成。通过病原物自身活动主动扩散来传播，如线虫在土壤中的爬行，真菌游动孢子和细菌的游动等主动传播方式是短距离的，而且有限。而绝大多数病原物是依靠气流、雨水、灌溉、昆虫介体和人为因素来传播，这是病原物的主要传播方式。其中远距离传播的主要方式是调运和携带种子苗木以及各种农产品。

（3）初侵染和再侵染。越冬越夏的病原物，经过传播而到达植物的感病部位后，便可引起侵染，在植物生长季中的第一次侵染为初侵染，在适合发病的条件下，受到侵染的植株在病部产生繁殖体，经过传播再进行多次侵染，称之为再侵染，如黄瓜霜霉病、番茄灰霉病、炭疽病等。有的病害在一个生长季中只有一次初侵染或再侵染不严重，如瓜类枯萎病、茄子黄萎病，虽然这些病害只有初侵染，但初侵染的来源却很多，如种子、土壤和粪肥等。

八、了解几种常见的病原体

1. 植物病原细菌和菌原体

细菌的特点是形体小、分布广、繁殖快，在适宜的条件下，每隔 20～30 分钟就能繁殖一代。

细菌是具有细胞壁，但没有固定细胞核的单细胞原核生物。植物病原细菌在蔬菜上是比较重要的问题，如茄果类蔬菜的青枯病、溃疡病等，是一类难防治的病害。

2. 植物病原线虫

线虫又称蠕虫，线虫属于动物界线虫门，估计有50多万种，危害植物的线虫有5万种左右。大多数线虫是在水中和土壤中营腐生生活，少数寄生在动物或植物体上。寄生在植物上引起植物线虫病害。线虫除吸取植物营养外，主要分泌激素，使植物组织发生病变，刺激植物细胞过度生长，形成瘤状物，如番茄根结线虫病在根部形成鸡爪状根系。线虫的危害不仅是直接造成病变，而且由于线虫造成的伤口，为其他病原物的侵染提供了侵入的途径。

植物病原线虫细小，线状或圆筒状，肉眼很难看到，少数为雌、雄异型，雄虫线形，雌虫梨形。线虫的生活史包括卵、幼虫和成虫三个阶段。孵化后的幼虫在适宜的条件下便可侵入寄主，很多线虫必须在土壤中生活一段时间后，方可侵入寄主，因此土壤的质地、温度、湿度和氧气状况直接影响着线虫的侵入。一般土温在20～30℃、湿度较大、氧气充足、沙性土壤利于线虫的生长发育和侵入，线虫危害严重。

目前已知的危害蔬菜的线虫主要是根结线虫属中的南方根结线虫、北方根结线虫、花生根结线虫和爪哇根结线虫四种，其中最重要的是南方根结线虫。

3. 植物病原真菌

在超过10万种真菌中，大约有8 000种真菌能寄生危害植物，在我国已经有报道的植物病害大约有700多种，这些真菌称为植物病原真菌。真菌是具有细胞核和细胞壁的异养生物，其种类繁多，分布广泛，是自然生态环境中的重要成员。大部分真菌是营腐生生活，在生态环境中起到“清洁工”的作用，它能把动物、植物等生物尸体分解成绿色植物所需要的营养成分，保持土壤的肥力。有些真菌可以寄生在昆虫、病原线虫和病原真菌体上，用作生物防治。

（1）真菌的营养体和繁殖体

1）营养体。真菌营养生长阶段的结构称为营养体。绝大多数真菌的营养体都是可分枝的丝状体，单根丝状体称为菌丝，许多菌丝在一起统称为菌丝体。菌丝通常呈圆管状，有分隔或无分隔，大多数真菌菌丝是无色透明的，内含细胞质、细胞核、液泡等，有些真菌细胞质中含有色素，可呈现不同的颜色。菌丝的繁殖力很强，只要有一小段菌丝就可以发育成新的个体。

真菌侵入寄主体内后，以菌丝体在寄主体内扩展。多数专性寄生真菌侵入寄主后，在细胞间隙生长，从菌丝上生出指状或分枝状的吸器，吸取寄主细胞内养分。

有的真菌菌丝体在不适宜的条件下或生长后期会发生变态，形成特殊的结构以度过不良环境。如菌核是由菌丝纠集在一起形成的颗粒状结构，形状如同菜子、绿豆或鼠粪状；当菌丝呈平行排列聚集一起时就形成了菌索，如同植物的根，具有蔓延和侵染的作用；有的真菌菌丝与寄主部分组织结合形成垫状结构，称为子座，其上可产生繁殖体。

2）繁殖体。真菌菌丝体发育到一定阶段便进入繁殖阶段，形成各种繁殖体（子实体），其繁殖方式分为有性繁殖和无性繁殖。真菌的无性繁殖方式是不经过两性细胞或性器官结合而直接通过营养体分化而形成的无性孢子，这种孢子相当于植物的种子，在传播和传代上起到非常大的作用，同时也是分类的依据。常见的无性孢子有以下几种。①粉孢子：由气生菌丝断裂形成的无性孢子，又称节孢子。如瓜类白粉病菌等。②芽孢子：由菌丝或孢子芽生的突起，经生长发育成熟后，脱离母细胞而成新的个体。③厚垣孢子：也称厚壁孢子。往往在不良的条件下，菌丝或孢子细胞原生质浓缩、细胞壁增厚而形成的休眠孢子。④孢囊孢子和游动孢子：由菌丝直接产生或由菌丝体分化的旭囊梗产生。

孢子囊萌发释放出游动孢子，孢子囊也可以直接萌发。如黄瓜霜霉病菌和疫霉病菌等。⑤分生孢子：由菌丝形成的分生孢子梗产生。有的真菌分生孢子梗生在分生孢子盘或分生孢子器上，分生孢子盘和分生孢子器均由菌丝交织而成，形状如同盘状或瓶状，在寄主表皮下形成，成熟后露出表面，为小黑点状，成熟的分生孢子从梗上脱落传播并侵染。如番茄灰霉病菌和早疫病病菌等。

真菌的有性繁殖是经过两性细胞或两性器官结合而产生有性孢子。真菌的性器官称为配子囊，性细胞称为配子。常见的有性孢子有以下几种。① 子囊孢子：由两个异形配子囊结合，先形成棒状的子囊，其内形成子囊孢子，子囊常常产生在有包被的子囊果里。常见的子囊果有闭囊壳、子囊壳和子囊盘。② 卵孢子：由两个异形配子囊结合而成，卵孢子厚壁、球形，能抵抗不良环境。③接合孢子：由两个同形配子囊结合而成的球形、厚壁的休眠孢子。

有些真菌只有无性繁殖阶段，有性阶段尚未发现或不常发生；也有些真菌只产生有性阶段，而无性孢子很少产生；还有些真菌不形成任何孢子，全由菌丝完成生活史。

（2）真菌的类群及所致病害。生物分类学按各层次不同等级依次分为界、门、纲、目、科、属、种。20 世纪 60 年代旧的分类系统，生物的分类只有植物界和动物界，真菌归属于植物界下的菌藻植物门，真菌之下分为“三纲一类”（藻状菌纲、结合菌纲、子囊菌纲和半知菌类），按照现代的五界分类法（原核生物界、原生生物界、植物界、动物界和菌物界），真菌已经与植物界和动物界在分类地位上“平起平坐”。菌物界下分黏菌门和真菌门，真菌门之下又增设一级，分为 5 个亚门，下面就真菌门以下 5 个亚门中重要的植物病害，尤其蔬菜病害的分类地位作一简要介绍。

1）接合菌亚门。大多为腐生菌，营养体为无隔菌丝体。无性繁殖产生孢囊孢子，有性繁殖产生接合孢子，本亚门分接合菌纲和毛菌纲，约600种，大多数为工业发酵菌和人、畜寄生菌。重要的植物病原菌是根霉属和毛霉属引起瓜类腐烂和甘薯、水果贮藏期腐烂。

2）子囊菌亚门。营养体为分枝发达的有隔菌丝体，无性繁殖主要产生分生孢子，有性繁殖产生子囊孢子。本亚门有6个纲，约2 800种。①核菌纲：单丝壳属，引起瓜类、豆类白粉病；赤霉属，引起水稻恶苗病；顶囊壳属，引起小麦全蚀病；黑星菌属，引起苹果、梨黑星病。②菌纲：核盘菌属，引起多种植物菌核病等。

3）鞭毛菌亚门。本亚门属低等类群的真菌，多生活在水中或潮湿的土壤中，而高等类群陆生。营养体多为无隔菌丝体，少数为单细胞。无性繁殖产生孢囊孢子和游动孢子，有性繁殖产生接合孢子或卵孢子。本亚门真菌有4个纲，9个目，大约有1 100多种。①根肿菌纲：根肿菌属，引起十字花科蔬菜根肿病等；粉痂菌属，引起马铃薯粉痂病等。②卵菌纲：绵霉属、水霉属，引起水稻烂秧等；丝囊霉属，引起萝卜等根腐病；腐霉属，引起蔬菜苗期猝倒病和瓜果腐烂病；疫霉属，引起马铃薯、番茄晚疫病、辣椒疫病、茄子绵疫病等；霜霉属，引起大豆霜霉病等；假霜霉属，引起黄瓜霜霉病等。

4）半知菌亚门。因不存在或没发现有性阶段，所以称为半知菌。营养体为分枝发达的有隔菌丝，无性繁殖产生各种类型的分生孢子。本亚门分3个纲，已知有17 000种，其中包括许多重要的植物病原菌，生防菌以及工业、医药真菌。①丝孢纲：梨孢属，引起稻瘟病等；白僵菌属，生防菌；轮枝孢属，茄子、棉花黄萎病等；丝核菌属，引起菜苗立枯病等；镰孢菌属，引起黄瓜、番茄、菜豆、棉花枯萎病等；链格孢属，引起白菜黑斑病、棉花轮纹病等。葡萄孢属，引起葡萄、番茄、辣椒、黄瓜灰霉病等。②腔孢纲：炭疽菌属，引起棉花、多种蔬菜炭疽病等；似茎点霉菌属，引起茄子褐纹病；大茎点菌属，引起苹果、梨轮纹病；壳囊孢菌属，引起苹果、梨腐烂病。

5）担子菌亚门。担子菌中高等的为腐生菌，许多是食用菌或药用菌，低等的为寄生菌。营养体为发达的有隔菌丝体，多数为双核菌丝体。多数担子菌没有无性繁殖，有性繁殖产生担子及担孢子。本亚门有3个纲，1 600多种。①冬孢菌纲：柄锈菌属，引起小麦锈病等；单孢锈菌属，引起菜豆锈病等；黑粉菌属，引起小麦散黑粉病等。②菌纲中的银耳目、木耳目、蘑菇目等很多属是我国的食用、药用真菌。

4. 植物病原病毒和类病毒

在19世纪90年代，医学上首先发现在光学显微镜下看不见而能引起狂犬病、牛痘和口蹄疫等传染病的“微生物”，同时在植物上也发现。正常的烟草接触另一株叶色深浅不匀、畸形皱缩有病的烟草后，正常烟草被传染，如果用病株叶片在健康植株上摩擦一下，几天后，健康植株也会显症，但在病株汁液里却看不到病原物，用细菌过滤器过滤，滤液仍能传染，于是认为病株汁液里有一种“过滤性病毒”，是致病的原因。那时不明了这种“微生物”的本质，只知道具有毒力又能传染，因此将其称作病毒，也叫过滤性病毒。后来电子显微镜用于研究植物病害，在病株汁液中观察到了病毒颗粒。

植物病毒病害给蔬菜造成的损失仅次于真菌病害。病毒粒体多为球形、杆状和线状，少数为弹状和双联体状等。病毒结构简单，无细胞形态，个体由核酸和蛋白质组成，蛋白质包围在核酸外面，形成衣壳，保护着核酸。由于病毒粒体微小，只能通过电子显微镜才能观察到其形态，加上传播途径多样，检疫和诊断相对更为复杂，又没有有效药剂防治，所以病毒病害是一类难防治的病害。

病毒是专性寄生物，只能在活的寄主细胞内或传毒介体细胞内存活和繁殖。核酸进入寄主细胞后，利用寄主的营养来合成病毒的核酸和蛋白质外壳，不断消耗寄主的养分来形成新的病毒粒体。这种特殊的繁殖方式叫增殖，也称为复制。病毒主要靠生物介体传播，如昆虫、螨类、线虫及真菌等。昆虫是最主要的传毒介体，其中蚜虫、叶蝉、飞虱是重要的传毒昆虫。另外，带毒种苗调运、嫁接、花粉以及汁液摩擦（即整枝打杈）也是重要的传播途径。

类病毒比病毒结构简单，没有蛋白质外壳，仅有裸露的核酸片段。带毒种子、无性繁殖材料、汁液接触以及昆虫都能传毒。

第三章　农药的基础知识

第一节　农药的种类

在我国，经农药厂或农药研究所合成或提炼的杀虫剂、杀螨剂、杀菌剂、生长调节剂、除草剂和杀鼠剂等原药大约有300种，通过加工可制成不同剂型的制剂，登记注册的农药种类有2万多种，一药多名现象普遍，给使用者造成极大不便。由于不同品种及不同剂型的农药，在防治对象和使用方法上有很大区别，所以稍有疏忽，不仅达不到防治效果而且造成浪费，使用不当极易出现药害，还容易造成农药残留和环境污染，甚至造成人、畜中毒。所以，了解农药的种类和剂型，掌握施药原则和注意事项，认识农药理化特性，有针对性地选用农药就显得更为重要。

一、农药常见的剂型

经农药厂合成或提炼的未经加工的农药称之为原药，有固体的原粉和液体的原油。绝大多数原药必须经过加工才能使用，在原药中加入填充剂或辅助剂后经过加工便成为不同的农药剂型，一种原药可以加工成不同的剂型，加工成不同剂型的农药被称为农药制剂。

随着农药科技的发展，农药的剂型也在不断地改进，如用水替代有机溶剂的水基型农药：微乳剂、微胶囊剂、水分散粒剂、水悬剂等，由于少用或没有有机溶剂，所以减少药害和对环境的污染，这是农药的发展方向。下面简单介绍几种常用和新剂型农药的主要特性。

1. 乳油（EC）

乳油是由农药原药、溶剂和乳化剂组成，常用的溶剂有二甲苯、苯、甲苯等。乳化剂是降低不相溶的两种液体（如油和水）界面上的表面张力，使其中一种液体以细小液滴均匀分布在另一液体中，形成半透明或不透明的乳状液体。

2. 颗粒剂（GR）

颗粒剂分为遇水解体型和不解体型两种，遇水解体型的载体有：陶土、硅藻土等；遇水不解体型的载体有：炉渣、沸石、锯末等。该制剂的特点是使用方便，施药可以定向；对天敌安全；有效成分释放缓慢；对植物安全；对环境污染比较小。

3. 悬浮剂（SC）

悬浮剂又称胶悬剂，是使不溶于水或微溶于水的固体原药与载体、分散剂、助剂，经超微粉碎后均匀分布在水中，形成细小的悬浮液。该制剂的特点是粒子小，使活性面积增大，提高药效；渗透性增强；展着性好；水为介质无有机溶剂，对作物安全；无粉尘。

4. 粉剂（DP）

粉剂是由原药、填料（如黏土、高岭土、滑石、硅藻土等）和助剂混合后粉碎成一定细度而制成的，是专供喷粉用的剂型。该制剂的优点是可直接喷撒、工效高、不需要水，适合在保护地施用，可以降低棚室内的湿度，有利于病害的防治。粉剂主要用于喷粉、撒粉、拌毒土等，不能加水喷雾。另外，粉剂也可制成毒饵、毒土使用。

5. 可湿性粉剂（WP）

可湿性粉剂是由农药原药、填料和湿润剂混合加工而成。

对该制剂的要求是应有好的湿润性和较高的悬浮率，悬浮率低往往引起药害，而悬浮率的高低与粉粒的细度、湿润剂种类等有关。

6. 水分散粒剂（WG）

在可湿性粉剂或悬浮剂中加入隔离剂等助剂，经再加工后形成的以水为介质的新剂型。该制剂的特点是使用方便、无粉尘飞扬，增加渗透性和附着力，节约成本、提高药效。

7. 烟剂（FU）

烟剂是由农药原药、助燃剂（氧化剂，如硝酸钾）、燃料（如木屑粉）、消燃剂（如陶土）等制成的粉状物。农药有效成分因受热而气化，在空气中受冷又凝聚成固体微粒成烟，有的原药在常温下是液体，汽化后在空气中凝结为液体微粒成雾状，因此也被称为烟雾剂。烟剂的优点是分散度高，以烟雾的形式充满保护的空间，并慢慢沉积在植物表面上，非常适合在保护地施用，可有效防治病虫害。

8. 微乳剂（ME）

属水基化农药，有取代乳剂趋势的新剂型，没有有机溶剂或少量有机溶剂，因此对作物安全，环境污染小，对人、畜安全。该制剂的特点是粒子小，在 0.01～0.1 微米，外观近透明；附着力和穿透性好；稳定性好，药效高。

二、农药的种类

（1）按化学结构分类。分为有机磷、氨基甲酸酯、拟除虫菊酯类、有机硫化合物、酰胺类化合物、脲类化合物、醚类化合物、酚类化合物、苯甲酸类、三唑类、杂环类等。

（2）按防治对象分类。分为杀虫剂、杀螨剂、杀菌剂、杀鼠剂、杀线虫剂、除草剂和植物生长调节剂。

（3）按有效成分的来源分类。可分为矿物源农药（如石灰、硫磺、硫酸铜等）、植物源农药（如鱼藤粉、苦楝、烟碱等）、生物农药（如苏云金杆菌、赤眼蜂、抗菌素等）和化学合成农药四大类。

三、常用的杀虫剂

（一）生物杀虫剂

1. 甲氨基阿维菌素苯甲酸盐

是广谱、高效、杀螨剂，是阿维菌素改进的产物，与阿维菌素作用机制相同，但毒性低，对天敌和人、畜安全，是替代高毒农药的理想产品。防治夜蛾类害虫（如棉铃虫、菜青虫、小菜蛾、斜纹夜蛾和螨类）效果较好。

（1）使用方法。使用剂量为每 667 平方米 0.5～1.6 克。

（2）注意事项。对蜜蜂、鱼高毒，避免污染水源。

2. 苏云金杆菌（Bt）

属细菌杀虫剂。因产生毒素，造成昆虫麻痹，停止进食产生败血症，作用缓慢。可防治棉铃虫、小菜蛾、菜青虫、蚜虫等害虫。

（1）使用方法。Bt 乳剂（100 亿孢子）1 000 倍液喷雾。

（2）注意事项。不能与杀菌剂混用；对蚕毒性大；强光易失效，傍晚施药效果好。

3. 阿维菌素

属抗生素类杀虫杀螨剂，胃毒兼触杀，干扰昆虫正常的神经传导，常用的杀虫剂无交互抗性。无内吸作用，但在植物叶片有较强的渗透性。在土壤中易被微生物降解，无残留毒性积累。对天敌安全。可防治菜青虫、小菜蛾、蚜虫和螨类。

（1）使用方法。1.8%乳油 3 000 倍液喷雾。

（2）注意事项。蚕、蜜蜂、鱼敏感。

（二）有机磷杀虫剂

1. 辛硫磷

该药剂是高效、低毒的广谱杀虫剂，具有触杀和胃毒作用，击倒速度快。土壤处理时，药效达1～2个月。可防治烟青虫、斜纹夜蛾、小菜蛾、菜青虫、蚜虫以及蛴螬、蝼蛄、地老虎等地下害虫。

（1）使用方法。50%乳油2 000倍液喷雾；50%乳油500倍液拌种制成毒饵防治地下害虫。

（2）注意事项。瓜类、菜豆敏感；见光易分解，应在傍晚施药。

2. 敌百虫

该药剂具有胃毒、触杀作用，有渗透作用，但无内吸作用。低毒，适于防治菜青虫、甘蓝夜蛾、菜蛾等。

（1）使用方法。80%可湿性粉剂500倍液喷雾。

（2）注意事项。瓜类、豆类敏感；不能与碱性农药混配。

（三）拟除虫菊酯类杀虫剂

1. 高效氯氰菊酯

该药剂具有胃毒和触杀作用，广谱、低毒。

（1）使用方法。5%乳油1 000倍液喷雾。

（2）注意事项。对鱼、蜜蜂有毒。

2. 高效氯氟氰菊酯

该药剂广谱、强力胃毒、触杀作用，击倒快，中等毒性。防治小菜蛾、斜纹夜蛾、菜青虫、蚜虫、螨类等害虫。

（1）使用方法。2.5%乳油3 000～5 000倍液喷雾；防治螨类用2.5%乳油2 000倍液喷雾。

（2）注意事项。对鱼、蜜蜂、蚕及水生生物有剧毒，防止污染水源；不可与碱性农药混用。

3. 溴氰菊酯

该药剂是高效、广谱杀虫剂，击倒速度快，中等毒性。可防治菜青虫、小菜蛾、豆荚螟，但对螨类防效差。

（1）使用方法。10%乳油 3 000 倍液喷雾。

（2）注意事项。不能与碱性农药混用。

4. 联苯菊酯

该药剂具有触杀和胃毒作用，对害虫和螨类均有良好药效，击倒速度快。中等毒性。可防治鳞翅目害虫、斑潜蝇、白粉虱和螨类。

（1）使用方法。10%乳油 3 000～5 000 倍液喷雾。

（2）注意事项。对家蚕、蜜蜂和天敌有高毒，防止污染水源；不可与碱性农药混用。

（四）苯甲酰脲类杀虫剂

1. 噻嗪酮

该药剂具有触杀和胃毒作用，对白粉虱、叶蝉、介壳虫有高效，对小菜蛾、菜青虫等鳞翅目害虫无效，对天敌安全，药效发挥缓慢，施药 3～7 天见效，药效可达 30 天以上。

（1）使用方法。25%可湿性粉剂 1 500～2 000 倍液喷雾。

（2）注意事项。在白菜、萝卜上易产生药害；对鱼有毒。

2. 定虫隆

该药剂具有胃毒和触杀作用，低毒。防治豆野螟、斜纹夜蛾、棉铃虫、小菜蛾、菜青虫等效果较好，但药效发挥比较慢，一般 3～5 天起效。药效可达 15 天，对作物安全，对天敌影响小。

（1）使用方法。5%乳油 2 000 倍液喷雾。

（2）注意事项。对家蚕高毒。

（五）其他有机合成杀虫剂

1. 虫酰肼

该药剂杀虫机制独特，可促使鳞翅目幼虫蜕皮，造成幼虫脱水死亡，对高龄幼虫同样有效。低毒，对作物安全。可防治鳞翅目害虫，如棉铃虫、斜纹夜蛾、小菜蛾等。

（1）使用方法。24%悬浮剂1 200～2 400倍液喷雾。

（2）注意事项。对鱼有毒，严防对水源的污染；对蚕高毒。

2. 噻虫嗪

属第二代烟碱类内吸杀虫剂，具有胃毒和触杀作用。作用机制同乙酰胆碱，刺激神经受体蛋白，使昆虫过度兴奋而致死。无交互抗性，药效达1个月，低毒。

（1）使用方法。25%阿克泰水分散粒剂3 000～4 000倍液喷雾。可用于灌根。

（2）注意事项。施药后害虫2～3天才死亡；不可随意加大用量。

3. 氟虫腈

该药剂以胃毒和触杀作用为主，具有一定内吸作用，属神经毒剂，中等毒性。制剂有5%氟虫腈悬浮剂、0.3%锐劲特颗粒剂、5%和25%氟虫腈悬浮种衣剂、0.4%氟虫腈超低量喷雾剂。防治对象为小菜蛾、斜纹夜蛾、甜菜夜蛾、蚜虫、飞虱、叶蝉、地下害虫等。

（1）使用方法。5%悬浮剂2 000～2 500倍液喷施。

（2）注意事项。对鱼类、蜜蜂高毒。

4. 吡虫啉

该药剂具有胃毒和触杀作用，持效期可达20天。杀虫机制是干扰昆虫的运动神经系统，与传统杀虫剂作用机制不同，因此对有机磷、拟除虫菊酯类等杀虫剂产生抗药性的害虫有较好的防治效果。该药剂低毒环保，对人、畜以及天敌安全。可防治蚜虫、叶蝉、蓟马、白粉虱、潜叶蝇等害虫。

（1）使用方法。10%可湿性粉剂1 500～2 000倍液喷雾。

（2）注意事项。对家蚕有毒；不宜在强光下施药，在傍晚喷药效果好。

5. 氟铃脲

属昆虫生长调节剂类农药，抑制几丁质的合成，使害虫在蜕皮或变态过程中死亡。能导致成虫不育，并有较强的杀卵作用。具有高效、广谱、低毒、对天敌安全等特点，但对蚜、螨等无效。

（1）使用方法。5%氟铃脲乳油 1 000～2 000 倍液或 20%氟铃脲悬浮剂 8 000～10 000 倍液，药效可维持 20 天以上。

（2）注意事项。该药剂无内吸性和渗透性，使用时要求喷药均匀周到；在田间虫螨并发时，应混合施用杀螨剂；严禁在鱼塘等地及附近使用；防治叶面害虫宜在低龄（1～2 龄）幼虫盛发期施药，防治钻蛀性害虫宜在卵孵盛期施药。

6. 灭蝇胺

属昆虫生长调节剂类农药，是防治斑潜蝇的特效药剂。具有强内吸作用，对双翅目昆虫（如潜蝇、瘿蚊、食蚜蝇、根蛆等）的卵及幼虫有较强生物活性，可使幼虫在形态上发生畸变，不能正常化蛹。该药剂具有高效、低毒、持效期长，无残留，对天敌、人、畜安全等特点。

（1）使用方法。50%灭蝇胺可溶性粉剂，稀释 2 000～3 000 倍液喷雾。

（2）注意事项。美洲斑潜蝇的防治适期以低龄幼虫始发期为好。如果卵孵不整齐，用药时间可适当提前，7～10 天后再次喷药，喷药务必均匀周到；本品不能与强酸性物质混合使用；使用时注意防护，施药后及时用肥皂洗手、脸部；贮存于阴凉、干燥、避光处。

7. 溴虫腈

该药剂是新型吡咯类化合物，作用于昆虫体内细胞的线粒体上，通过昆虫体内的多功能氧化酶起作用，主要抑制二磷酸腺苷

（ADP）向三磷酸腺苷（ATP）的转化。而三磷酸腺苷贮存细胞维持其生命功能所必需的能量。该药具有胃毒及触杀作用。叶面渗透性强，有一定的内吸作用，且具有低毒、杀虫谱广、防效高、持效长、安全等特点。可防治小菜蛾、菜青虫、甜菜夜蛾、斜纹夜蛾、菜螟、菜蚜、斑潜蝇、蓟马等多种蔬菜害虫。

（1）使用方法。10%悬浮剂 1 500～2 000 倍液喷施，间隔 10 天左右。

（2）注意事项。每茬蔬菜最多只允许使用 2 次，以免产生抗药性；在十字花科蔬菜上的安全间隔期暂定为 14 天；对鱼有毒，不要将药液直接洒到水源处。

8. 灭幼脲

属昆虫生长调节剂类农药，具有胃毒作用，施药 3～5 天后见效，第 7 天为死亡高峰。低毒，对蜜蜂无害，不污染环境。主要防治鳞翅目害虫，如小菜蛾、菜青虫、甜菜夜蛾等，对蚊、蝇类也有效，灌根可防治韭蛆。

（1）使用方法。25%灭幼脲悬浮剂 2 000～2 500 倍液喷雾。

（2）注意事项。不能与碱性农药混用。

（六）杀菌剂

1. 有机合成杀菌剂

（1）腐霉利。具有保护和治疗作用，防治在低温高湿条件下发生的灰霉病、菌核病。防治已经对甲基硫菌灵和多菌灵有抗性的病菌效果较好。可用于防治蔬菜贮藏期病害。

1）使用方法。50%可湿性粉剂 1 000～2 000 倍液喷雾。

2）注意事项。不可与碱性农药混用；在高温条件下对蔬菜幼苗易产生药害。

（2）甲霜灵。具有保护和内吸治疗作用的杀菌剂，可被植物的根、茎、叶吸收，在植物体内具有双向传导性能。防治霜霉病、疫病等高效。毒性为低毒。

1）使用方法。25%可湿性粉剂1 000～1 500倍液喷雾；用35%抻朴利拌种，药量为种子重量的0.3%。

2）注意事项。不可与碱性农药混用；提倡与其他杀菌剂交替使用，以免产生抗药性。

（3）代森锰锌。属广谱保护性杀菌剂，可与内吸杀菌剂混配延缓抗药性产生。防治黄瓜霜霉病、番茄晚疫病、早疫病、炭疽病等。

1）使用方法。80%可湿性粉剂400～600倍液喷雾。

2）注意事项。不可与碱性农药混用。

（4）百菌清。属广谱保护性杀菌剂，兼有治疗和熏蒸作用，残效期长。毒性为低毒。可防治瓜类霜霉病、炭疽病、白粉病、黑星病、番茄早疫病、晚疫病、灰霉病、叶霉病等。

1）使用方法。75%可湿性粉剂500～800倍液喷雾。

2）注意事项。安全施药间隔期为7天以上；对鱼有毒。

（5）多菌灵。属广谱内吸杀菌剂，具有保护和治疗作用；残效期长；毒性为低毒。

使用方法。50%可湿性粉剂750～1 000倍液喷雾；50%可湿性粉剂拌种，药量为种子重量的0.3%～0.5%。

（6）烯酰·锰锌（烯酰吗啉+代森锰锌）。烯酰吗啉是专杀鞭毛菌亚门卵菌纲真菌的杀菌剂，其作用特点是破坏细胞壁的形成，对卵菌生活史的各个阶段都有作用，在孢子囊梗和卵孢子的形成阶段尤为敏感，在极低浓度下即受到抑制。与甲霜灵等苯基酰胺类药剂无交互抗性，加入代森锰锌可缓解对烯酰吗啉抗性的产生，并可扩大防治病害的范围。

1）使用方法。69%可湿性粉剂800～1 000倍液喷施。

2）注意事项。一个生长季使用2～3次，以免产生抗性。

（7）咯菌腈。抑制菌丝生长，最终导致病菌死亡。其独特的作用机制，与其他已知的杀菌剂没有交互抗性。

使用方法。在茄果类花期，每2～3升水中加入10毫升2.5%适乐时悬浮剂混合均匀，用毛笔涂抹花柄或用药液蘸花。

(8) 二硫氰基甲烷。具有高效杀线虫、杀菌活性，作用机制是抑制线虫和病菌的呼吸作用，主要用于土壤消毒、种子消毒。

1) 使用方法。

土壤消毒：每平方米用1.5%二硫氰基甲烷0.3～0.5克，对水3 500～7 000倍或细土200～500倍均匀喷洒或撒在土面上，用薄膜覆盖48～72小时后播种；对细土后可直接将药土撒在播种沟内，然后用净土覆盖。

营养土消毒：每立方米用0.5～1克，充分拌匀，用薄膜覆盖48～72小时。

2) 注意事项。使用药剂时要注意防护，不可与碱性农药混用。

(9) 异菌脲。异菌脲是一种类广谱性杀菌剂，可抑制真菌菌丝体生长和孢子产生。主要防治灰霉病、炭疽病、早疫病等多种真菌病害，具有保护和一定的治疗作用。对人、畜低毒，对蜜蜂、鸟类和天敌安全。异菌脲对真菌的作用点较为专化，病菌易产生抗药性，用药次数不宜过多，应及时更换用药品种或与其他药剂交替使用。

1) 使用方法。50%可湿性粉剂1 000～1 500倍液喷施。

2) 注意事项。不能与碱性农药混用；该药无内吸性，喷药要均匀全面。要注意与其他杀菌剂交替使用，但不能与速克灵、农利灵等性能相似的药剂混用或交替用药。

(10) 嘧霉胺。具有保护和内吸治疗作用，作用机制与常规杀菌剂不同，可抑制病菌的侵染酶而阻止病菌的侵入并杀死病菌，尤其用于已经产生抗药性的灰霉病效果明显；内吸传导可达到全株各处。低温下使用不影响效果。主要防治灰霉病。

1) 使用方法。40%可湿性粉剂800～1 200倍液喷雾。

2）注意事项。避免在高温（28℃以上）下施药。

（11）恶霉灵。具有内吸治疗作用，可防治多种土传真菌病害，如立枯病、猝倒病、黄萎病、枯萎病等。施入土壤作土壤消毒剂有增效作用并能促进发出新根。

1）使用方法。95%原粉按种子重量的0.1%拌种，或按1克/米^{2}药量做苗床土消毒；发病初期可用95%原粉3 000倍液，在根基部喷淋或灌根。

2）注意事项。拌种后直接播种不可闷种；不能直接用于喷雾，对幼芽和嫩梢有伤害。

（12）氯溴异氰脲酸。属广谱、高效、与环境相容型杀菌剂，是一种酸性强氧化剂，喷施在作物上释放出次氯酸和次溴酸，起到“消毒剂”式的快速杀菌作用，能有效防治细菌、真菌和病毒病害。主要防治细菌性角斑病、细菌性软腐病、炭疽病、早疫病、叶霉病以及辣椒病毒病等。

1）使用方法。50%可湿性粉剂600～800倍液喷雾或400～600倍液浸种。

2）注意事项。不可将药粉直接倒入稀释的乳剂中，不可与碱性农药混用。

（13）苯醚甲环唑。属广谱、高效、内吸性强的杀菌剂，具有保护和治疗作用，属三唑类杀菌剂。主要防治对象是子囊菌、担子菌和半知菌引起的黑星病、早疫病、炭疽病、白粉病、锈病等。

1）使用方法。25%苯醚甲环唑乳油5 000～8 000倍液喷雾。

2）注意事项。不可与碱性农药混用。

（14）嘧菌酯。该药属甲氧基丙烯酸酯类杀菌剂，是按天然蘑菇抗菌素模板仿生合成的广谱、安全、环保杀菌剂。防治对象为霜霉病、疫病、炭疽病、菌核病、根腐病、猝倒病等，对所有真菌病害均有效。作用机制是抑制病菌呼吸，破坏能量合成而致死。

1）使用方法。25％悬浮剂1 500倍液喷雾。

2）注意事项。一个生长季使用2～3次，以免产生抗药性。

2. 矿物源杀菌剂

（1）波尔多液。波尔多液由硫酸铜、生石灰和水配制成的天蓝色稠状悬浮液。对金属有腐蚀作用，对人、畜无毒。波尔多液能附着在植物表面形成保护膜，不易被雨水冲刷。波尔多液是一种广谱、保护性杀菌剂，对真菌引起的霜霉病、绵疫病、炭疽病、猝倒病等防治效果较好，并兼有防治细菌病害的作用，且不易产生抗药性。

1）配制方法。生石灰与硫酸铜的配比应随作物、防治对象和气温的不同而采用不同配比，一般把生石灰与硫酸铜按1∶1的配比称等量式，而生石灰与硫酸铜的配比为0.5∶1称半量式（表3-1）。

表3-1　波尔多液配比表

原　料	1％等量式	1％半量式	0.5％倍量式
硫酸铜	1	1	0.5
生石灰	1	0.5	1
水	100	100	100

选用块状生石灰（熟石灰粉不能用）和蓝色块状结晶硫酸铜。等量式配制方法：用2个水桶，一桶加水45升，加0.5千克硫酸铜配成硫酸铜溶液；另一桶加水5升，加0.5千克生石灰配成石灰乳，然后将硫酸铜溶液慢慢倒入石灰乳中，并不断搅拌即可配成波尔多液。

2）使用方法。防治黄瓜霜霉病于结瓜前用1∶1∶400配比，结瓜后用1∶0.5∶250配比；防治番茄晚疫病、早疫病、叶霉病、茄子绵疫病、辣椒炭疽病、菜豆锈病用1∶0.5∶250配比；应在发病前喷药保护，隔7天喷一次。

3）注意事项。现用现配，不能贮存，久置易产生沉淀，降低药效且易发生药害；该药剂不能与石硫合剂及酸性农药混用，喷过波尔多液的作物在 15 天以内不能喷石硫合剂，以防产生药害。

（2）硫磺。原药为黄色粉末，不溶于水，属矿物源杀菌剂，主要用于防治白粉病和螨类。

1）使用方法。50%悬浮剂 200～400 倍液喷雾。

2）注意事项。不能与含硫酸铜等金属类农药混用。

（3）石硫合剂。以硫磺粉和石灰加水熬制而成，原液的有效成分是多硫化钙和硫代硫酸钙，呈强碱性，对皮肤和金属有腐蚀性，有渗透和侵蚀昆虫表皮蜡质层的作用，因此对有较厚蜡质层的甲壳虫和害螨的卵防效较好。主要用于防治白粉病及螨类。

1）熬制方法。生石灰 1 份，硫磺粉 2 份，水 15～20 份。首先将生石灰用热水化开，加热煮沸，然后把硫磺粉调成糊状，慢慢倒入石灰乳中，迅速搅拌，继续加热 40～60 分钟，待药液变成红褐色即停火，冷却后滤去渣子便成石硫合剂原液。在熬制过程中要随时加开水补充蒸发的水分。

使用前一定要用波美比重计测量原液的波美比重——波美度，按下列公式求得的重量倍数稀释：

$$\text{加水稀释倍数（重量）}=\frac{\text{原液波美度}}{\text{需要稀释的波美度}}$$

2）使用方法。防治瓜类白粉病及叶螨可用 0.1～0.2 波美度液喷雾。

3）注意事项。不能用金属器具贮存；最好密封保存或在液面上加柴油防止氧化；高温 30℃和低温 4℃以下不宜使用；对皮肤有腐蚀作用，避免溅到皮肤上。

3. 生物农药

（1）春雷霉素。春雷霉素是一种放线菌产生的代谢产物，属抗菌素类杀菌剂。毒性很低，对人、畜、鱼类和害虫天敌以及农作物都非常安全。无残留、无污染，特别适合于生产无公害蔬菜、绿色食品时使用。该药剂渗透性强，并能在植物体内移行，具有优异的内吸治疗作用，因此喷药后见效快，耐雨水冲刷，持效期长。对细菌和真菌引起的多种蔬菜病害具有理想的防治效果。可用于防治番茄叶霉病、黄瓜细菌性角斑病等。

使用方法。用2%春雷霉素液300～500倍液发病初期喷第一次药，以后每隔7天喷药一次，连续喷三次。

(2) 春雷·王铜（春雷霉素＋王铜）。由春雷霉素和王铜两种有效成分复配而成，春雷霉素为内吸性杀菌剂，主要是干扰氨基酸代谢的酯酶系统，进而影响蛋白质合成，抑制菌丝伸长和造成细胞颗粒化；王铜则是无机铜保护性杀菌剂，在一定湿度条件下释放出铜离子能起到杀菌防病作用。

该可湿性粉剂是一种具有保护作用和治疗作用的杀菌剂，对果树、蔬菜的真菌病害（如叶霉病、炭疽病、白粉病、早疫病、霜霉病）以及细菌引起的角斑病、软腐病、溃疡病等常见病害具有优良的防治效果。

1）使用方法。47%春雷·王铜可湿性粉剂800～1 000倍液喷雾。

2）注意事项。不要把药液喷在藕、白菜、马铃薯上；不要在黄瓜幼苗期和高温时喷药。番茄、黄瓜、西瓜、辣椒于收获前1天，洋葱、甘蓝、丝瓜、苦瓜、莴苣于收获前5～7天，花椰菜于收获前21天停止使用。春雷·王铜对金属容器有腐蚀性。

(3) 多抗霉素。属广谱内吸性杀菌剂，作用机制是干扰病原菌细胞壁几丁质的合成，使其失去致病力，达到防治病害的目的。该药剂低毒，对环境安全。可用于防治黄瓜霜霉病、白粉病、番茄灰霉病等。

1）使用方法。10%可湿性粉剂500～1 000倍液喷雾。

2）注意事项。不可与碱性农药混用。

(4) 农抗120。属广谱杀菌剂，作用机制是阻碍病原菌蛋白质合成，导致病原菌死亡。该药剂环保低毒，对环境安全。主要用于防治蔬菜白粉病、炭疽病、瓜类枯萎病等。

1）使用方法。2%水剂200倍液喷雾防治白粉病、炭疽病；瓜类枯萎病发病初期用2%水剂100倍液灌根，每株灌药液500毫升，隔5天一次，连续3～4次。

2）注意事项。不可与碱性农药混用。

（七）杀线虫剂

1. 噻唑磷

属非熏蒸型的高效、低毒、低残留的环保型杀线虫剂，是一种内吸传导型杀线虫剂。

(1) 使用方法。全面土壤混合施药，也可畦面施药及开沟施药。在作物定植前（定植当天），10%颗粒剂按1～2千克/667米^{2}的用量，将药剂均匀撒于土壤表面，再用旋耕机或手工工具将药剂和土壤充分混合。药剂和土壤混合深度需20厘米。

(2) 注意事项。超量使用或土壤水分过多时容易引起药害；对蚕有毒性，注意不要将药液飞散到桑园。施药时，要穿戴作业服，施药后要立即清洗并换下工作服。如误食引起中毒，可用阿托品作为解毒剂。

2. 威百亩

属杀线虫、杀菌、治虫和除草等作用的广谱性熏蒸剂，主要用于防治蔬菜根结线虫、番茄枯萎病、茄子黄萎病等。

(1) 使用方法。35%液剂每667平方米用3～4千克；对水300～400升，将药液施入15～20厘米的沟中，覆土踏实于15天后翻耕透风，然后播种或移栽。

(2) 注意事项。配药时不可用金属器具，以免腐蚀；施药15天后才能播种或移栽。

3. 氯唑磷

属高效、广谱、中等毒性的有机磷杀虫、杀线虫剂。具有触杀、胃毒和内吸作用，主要用于防治线虫和地下害虫。

（1）使用方法。3%氯唑磷颗粒剂，每667平方米4～6千克，与土壤充分混合。

（2）注意事项。只能单独使用，避免与种子直接接触。

（八）植物源杀虫剂

是从具有杀虫活性成分的植物中提取并制成的杀虫剂。由于植物杀虫剂易分解，对农产品、食品和生态环境无污染，越来越受到人们的重视。

1. 苦参碱

是从苦参的根、茎叶和果实中提取制成，有效成分是苦参碱。该制剂具有触杀和胃毒作用，属广谱性杀虫剂。对人、畜安全。可防治菜青虫、蚜虫和螨类。

（1）使用方法。0.36%苦参碱水剂300～500倍液喷雾。

（2）注意事项。速效性差，避免在高温和强光下存放，严禁与碱性农药混用。

2. 楝素

从楝树种子中提取制成。具有触杀、胃毒和拒食作用。毒性为低毒，对天敌和人、畜安全，对害虫活性高，不易产生抗药性，无残留和环境污染。可防治菜青虫、小菜蛾、斜纹夜蛾、烟粉虱、斑潜蝇等害虫。

（1）使用方法。0.5%乳油1 000倍液喷雾。

（2）注意事项。不能与碱性农药混用；作用缓慢；可加入中性洗衣粉增加展着性。

3. 鱼藤酮

从豆科多年生藤本植物根部提取制成。具有触杀和胃毒作用，杀虫活性高，抑制昆虫的神经系统和呼吸作用。残效期短，对作物安全。

（1）使用方法。2.5%乳油500倍液喷雾，或每667平方米用4%粉剂500克拌草木灰3～5千克撒施。

（2）注意事项。对鱼剧毒，严防污染水源；不可用热水配制鱼藤；粉；不能与碱性农药混用。

（九）杀螨剂

杀螨剂是指专杀螨类的杀虫剂，兼有杀螨作用的杀虫剂称为杀虫、杀螨剂。由于害螨繁殖能力强，数量大，且容易产生抗药性。所以，选用杀螨剂时要选用对成螨、若螨和卵各虫态同时起作用的杀螨剂，并应在害螨发生初期使用，杀螨机制不同的杀螨剂应轮换使用或混合使用。

1. 四螨嗪

具有触杀作用，对卵效果好，对成螨效果差，持效期可达60天，药效发挥较慢，施药后2～3周才达最高杀螨活性。低毒，对天敌、鸟、鱼、蜜蜂及人、畜安全。防治多种害螨。

（1）使用方法。在卵孵化始期用20%悬浮剂2 000倍液，或50%悬浮剂5 000倍液喷雾。

（2）注意事项。不可与碱性农药混用；与噻螨酮有交互抗性，不可与其交替使用。

2. 噻螨酮

具有触杀、胃毒作用，无内吸作用，低毒，杀若虫和卵，对成虫无效，药效达50天。

（1）使用方法。5%乳油1 500～2 000倍液喷雾。

（2）注意事项。与四螨嗪有交互抗性，不可与其交替使用。

3. 克螨特

属有机硫杀螨剂。具有触杀和胃毒作用，残效期长，对幼螨、若螨和成螨效果好，但对卵的防治效果差。防治茄果类、豆类、瓜类叶螨和茶黄螨。

（1）使用方法。防治叶螨和茶黄螨用73％乳油2 000～3 000倍液喷雾。

（2）注意事项。在高温、高湿条件下使用对幼苗和新梢容易产生药害；低于20℃使用药效差。

4. 哒螨酮

该药剂以触杀为主，对成螨、幼螨、若螨和卵都有效，对叶螨有特效。速效性好，持效期可达2个月，对天敌和作物安全。防治蔬菜叶螨。

（1）使用方法。15％乳油或20％可湿性粉剂3 000～4 000倍液喷雾。

（2）注意事项。对鱼、蜜蜂和家蚕有毒；不可与碱性农药混用。

第二节　农药的配置和选用

一、农药的毒性和残留

1. 农药的毒性

农药对高等动物的毒性，通常用大白鼠、小白鼠等动物，通过不同的给药途径和给药量来获得某种农药对某种动物的毒性评价。衡量或表示农药急性毒性程度，常用致死中量（LD_{50}）作为指标。所谓致死中量，就是杀死一半供试动物所需的药量，数量单位是急性经口和经皮的毫克/千克体重，即多少千克重的动物被杀死一半所需农药的毫克数。凡LD_{50}数值大，表示所需药量多，农药的毒性低，反之则毒性高。我国农药急性毒性比较常见的分级标准见表3-2。

表 3-2　我国农药急性毒性比较常用的分级标准

分级	高毒	中毒	低毒
大鼠经口 LD_{50}（毫克/千克）	＜50	50～500	＞500

从表 3-2 可以看出，低毒农药应是大鼠经口 LD_{50} 大于 500 毫克。农药的毒性的评价是比较复杂的问题，不仅要通过大白鼠致死药量的测定，还要通过慢性毒性、残留毒性和积累毒性等综合因素来评价该农药的毒性大小。有的农药（如杀虫脒）按上述标准测定毒性并不高，但慢性毒性却很突出，对人的潜在危害较大，因此被禁用。

2. *农药残留*

是指农药施用后，在一定时期内没有被分解而残留于作物、土壤、水源、大气中的微量农药及其他有毒物质的总称。农药的残留毒性主要包括两方面的问题，一是在使用农药的蔬菜上的农药残留；二是落入土壤、水源里的农药又被蔬菜或其他生物吸收、积累的残留问题。

蔬菜上的农药残留是普遍而突出的，由于在蔬菜病虫害防治上缺乏应有的科学使用农药知识，滥用农药或为了争取早上市而使用化学制剂、激素类物质催熟，有的违反施用农药安全期的规定，临近收获期用药，导致了蔬菜产品中农药残留量超出国家标准，造成人、畜中毒，甚至死亡。有些农药性质非常稳定，在土壤中不易被分解（如六六六等可在土壤里残存几十年），当将蔬菜种植在这样的土壤中时，残留在土壤里的农药，又被蔬菜吸收而使得蔬菜中农药残留量超标。因此，对土壤中的残留农药，应正确对待，予以重视。

农药残留是人们关心的问题，更是我国政府和主管部门十分关注的大问题。为了解决蔬菜农药残留问题，有关部门出台了许多法律法规，建立了种植、运输、销售等一系列完善的监测系统，对常用的农药残留制定了强制性标准，虽然尚不够完善，还未与国际接轨，但为让人们吃到“放心菜”提供了一定的保障。

目前，我国已经制定了与蔬菜有关的强制性国家标准35项，涉及农药残留指标58项，农药52种，这52种农药的名称为：对硫磷、马拉硫磷、甲胺磷、甲拌磷、久效磷、氧化乐果、克百威、涕灭威、六六六、敌敌畏、DDT、乐果、杀螟硫磷、倍硫磷、辛硫磷、乙酰甲胺磷、二嗪磷、喹硫磷、敌百虫、亚胺硫磷、毒死蜱、抗蚜威、甲萘威、氯菊酯、溴氰菊酯、氯氰菊酯、氰戊菊酯、氟氰戊菊酯、顺式氰戊菊酯、联苯菊酯、三氟氯氰菊酯、顺式氯氰菊酯、甲氰菊酯、氟胺氰菊酯、三唑酮、多菌灵、百菌清、睡嗪酮、五氯硝基苯、除虫脲、灭幼脲、双甲脒、敌菌灵、异菌脲、代森锰锌、灭多威、克螨特、腐霉利、乙烯菌核利、甲霜灵、伏杀硫磷、2，4－D。其中有些农药已经明文规定被禁止在蔬菜上使用，如对硫磷、马拉硫磷、甲胺磷、甲拌磷、久效磷、氧化乐果、克百威、涕灭威、六六六、敌敌畏、DDT、乐果、杀螟硫磷、倍硫磷等，有些应严格控制使用。

3. 注意事项

解决蔬菜上的农药残留问题，应注意以下几个方面。

（1）科学选择农药的剂型及用法。乳油农药在喷雾使用时残留较多，可选用粉剂、水剂、颗粒剂等剂型喷粉、拌种或撒施。保护地如大棚、温室蔬菜可用烟雾剂或粉剂防治病虫害。

（2）控制农药的用量与次数。施药量越大、药剂浓度越高、次数越多、施药间隔期越短，则农药残留也相应增加。在施用农药时，要严格按照产品说明书规定的方法施用，不能随意增加用药量和施用次数。

（3）严格控制农药使用范围。禁止在蔬菜上使用高毒、高残留的化学农药，如，对硫磷、马拉硫磷、甲胺磷、甲拌磷、久效磷、氧化乐果、涕灭威、六六六、敌敌畏、DDT、乐果、克百威等。提倡使用生物农药和高效、低毒、低残留农药，如Bt、苦参碱、卡死克、除尽、菜喜等。

(4) 严格遵守安全间隔期。在采收前一定时间内，要停止使用任何化学农药，没有达到农药安全间隔期的蔬菜绝不能上市销售。

(5) 采用低容量高压喷雾技术。利用该技术施药，不仅能降低蔬菜上的农药残留量，而且其防效、工效、农药利用率等方面比常规喷雾更明显。

二、抗药性

选用农药特别要注意抗药性方面的问题。由于蔬菜品种多、生长周期短、换茬快、病虫种类相应也多，加上施药频繁，病虫非常容易产生抗药性，少则2～3年，多则3～5年，原来防治效果非常好的药剂逐渐变得效果很差或根本无效了，其主要原因就是抗药性问题。抗药性的产生，主要是由于在同一地块，连续多年使用同一种或同一类药剂造成的。

在自然界中同一种害虫或同一种病原物的群体中，个体之间由于遗传上的差异，对农药的耐受力也不一样。耐受力小的害虫或病菌接触一定剂量的药剂后就会死亡，而个别耐受力强的害虫或病菌，经过反复多次的选择，逐渐产生了抵抗药剂的能力，并遗传到下一代，经历代的选择作用产生了抗药性。如果长年连续使用同一种农药并不断加大浓度以后，能使抗药性逐渐增强，所以施用农药时不要随意加大浓度，在一个生长季中，一般使用某一种农药不要超过2～3次，要与其他农药交替使用。使用复配农药等措施，能提高防治效果。

在更换农药或使用复配农药时，还要注意另外一个问题，就是“交互抗性”的问题。例如，用溴氰菊酯防治蚜虫或烟粉虱等害虫时，有的地方已产生抗药性，但将溴氰菊酯换成氯氰菊酯或高效氯氰菊酯时效果还是不好，这就出现“交互抗性”的问题。

所谓交互抗性，就是某一类化学结构相似、作用机制相同的农药，如对有机磷杀虫剂或菊酯类杀虫剂中的某一种药剂产生抗性后，对那一类农药中的其他未用过的药剂也会有抗性，即在同一类农药中的不同药剂之间有互相交叉的关系，这种抗性被称为“交互抗性”。在克服抗药性方面经常采用轮换用药或使用复配农药，但有时效果不理想，可能就是没有注意“交互抗性”问题。与“交互抗性”相反的是“负交互抗性”，即对某种农药产生抗性以后，对另外某种农药更加敏感，如：对多菌灵产生抗性以后的病菌，反而对乙霉威敏感；而对乙霉威产生抗性的病菌，对多菌灵也变得敏感，这两种抗性被称为“负交互抗性”。这两种杀菌剂复配以后的农药乙霉·多菌灵，在防治实践中在克服抗药性上起到了很好的效果。

三、农药的配制

因使用农药不慎而造成人、畜中毒或造成药害等情况，除使用高毒农药或加大农药使用浓度外，常常是因为在配制农药时出现错误或疏忽所致。所以，掌握正确配制农药的方法就非常必要。农药除粉剂和烟剂外，一般都要经过稀释后才能施用。稀释前首先要准确称量，固体农药可用秤或天平量取，液体农药要用量筒或吸管量取。使用吸管时不可直接用嘴吸取，要用吸液球吸取。在量取液体农药时，量具要垂直，视线与液面平行。使用可湿性粉剂时，要先用少量水将药粉稀释，再用剩余的水补足。

造成农药使用浓度不准的另一个原因是对防治面积或空间计算的误差，一般对防治的面积或空间是估算出来的，有时误差非常大，结果造成施用浓度上的误差很大，因此对防治面积或空间的计算应尽可能的精确。

在病虫害化学农药防治中，经常使用的农药浓度有以下3种。

（1）稀释倍数。多数情况在包装袋上有明文规定，对不同的作物或防治不同的病虫害，使用不同的浓度，按照说明配制即可，千万不可随意加大浓度。

但有时只标明农药的有效成分的使用浓度或百分比，这就要经过计算才能配制。

（2）百万分浓度（毫克/千克）。表示100万份药液中含农药有效成分的份数，原ppm已不使用，现常用毫克/千克表示，即每千克（或1 000毫升）中含1毫克农药为1毫克/千克，含10毫克为10毫克/千克，依此类推。

例如：配制10毫克/千克的赤霉素药液，先称取10毫克赤霉素，经乙醇或白酒溶解后，加水至1 000毫升即成为10毫克/千克的赤霉素药液。

（3）标准化的农药使用浓度。应在说明书上注明单位面积上施用农药的有效成分（ai）用量，在标签上主要标明每公顷（hm^2）或每667平方米（亩）使用农药有效成分（ai）用量，常用克有效成分/公顷或克有效成分/667米^{2}表示。

将单位面积上使用有效成分用量换算成商品制剂的换算方法如下。

例如：新买来的某种50%的可湿性粉剂（或乳油）商品制剂，农药包装上标明有效成分用量为每667平方米（亩）100克（或100毫升）。求得在0.6亩（400.2平方米）大棚中的用药量应是多少？计算方法如下。

$$\text{农药商品制剂用量（克或毫升）}=\frac{\text{667平方米（亩）有效成分用量（克或毫升）}}{\text{制剂的有效成分含量（\%）}}\times\text{施药面积}$$

将其中每667平方米（亩）有效成分用量为100克；商品制剂的有效成分含量是50%代入上述公式中即可求得0.6亩大棚中的用药量，即：

$$0.6\text{亩大棚中的用药量}=\frac{100\text{克}}{50\%}\times 0.6=120\text{克}$$

即按说明书每667平方米（亩）有效成分100克的用量，在0.6亩的大棚中使用50%可湿性粉剂（或乳油）商品制剂的用药量是120克（或120毫升）。

如何再换算成稀释倍数呢?

稀释倍数=每667平方米（亩）的常规药液用量（45升，即3桶水）÷每667平方米（亩）商品制剂用量（120克）=375倍。

注意：常规药液用量45千克，先换算成毫升即45×1 000=45 000毫升，除以120克得出375倍，即稀释375倍。

四、施药的原则和注意事项

1. 适时用药

在防治害虫时，强调在幼虫三龄以前进行。防治病害时，要在发病初期，即出现发病中心或点片发生时进行防治，才能达到预期效果。如果盲目施药，不仅达不到治病的目的，还会浪费人力、物力，甚至会产生药害。要做到适时用药，这就必须调查田间病虫的发生动态，即做好预测预报，准确掌握防治时机。适时用药，还要注意避免在强日光照射下喷施，这样会使农药因光解而降低药效，一般选择在早晨或傍晚，或在阴天时进行。

2. 选择高效、低毒、低残留的农药

剧毒或高毒农药已禁止在蔬菜上使用，严格遵守在蔬菜上的用药规定，特别要注意，在蔬菜收获前的时间，一般在收获前5～7天禁止用药。

3. 对症下药

这是最基本的施药原则，没有“一药治百病”的万能药。现在农药发展的趋势是选择性越来越强，某一种农药针对某一种病

虫或某一类病虫害，如三唑酮防治白粉病、锈病效果很好，而嘧霉胺则对灰霉病防效好。所以，一定要在明确防治对象的基础上，选择最有效的农药品种和剂型，才能达到最好的防治效果。

4. 安全用药

在施药时应穿长袖衣服，配戴手套、帽子、风镜等防护衣具；防止农药中毒；施药期间不要进食、喝水或吸烟；避免在高温（30℃以上）天气、大风或雨前喷药；施药人员若有头痛、恶心、呕吐等感觉时，应立刻离开现场进行治疗。

5. 识别假农药和过期农药

要在正规农药经营部门去购买，查看包装上是否有“三证”号（农药登记号、农药生产许可证号或生产批准证书号、农药标准号）以及生产日期和保质期等。

五、农药的使用方法

农药使用的方法有喷雾、喷粉、种子处理、土壤处理、毒饵或毒土、烟雾、涂抹等。

1. 喷粉法

利用喷粉器的风力将药粉吹到作物或从空中降落到作物表面，该法不用水，效率高，尤其适用于大棚、温室等保护地蔬菜。

2. 喷雾法

适用喷雾的剂型有可湿性粉剂、乳油、水剂、微胶囊剂、水分散粒剂、水乳剂等。按一定配比配制成药液再用喷雾器均匀喷洒成雾滴。这种方法适应面广、见效快，但在温室、大棚等保旷地封闭空间里使用喷雾法明显增加湿度，并且安全性较差，应使用低容量或超低容量，效果更好。生产上应用的有几种。①常量喷雾：每667平方米（亩）30千克以上；②低容量喷雾：每667平方米（亩）0.5～30千克；③超低容量喷雾：每667平方米

（亩）0.5千克以下。

3. 种子处理法

有拌种、浸种和闷种3种方法。

1）拌种：按一定种子重量的比例称取农药（一般为种子重量的0.1%～0.3%）干拌或湿拌。干拌是将药粉或药液按需要量称取后，直接与种子拌匀。湿拌是先将种子用少量水喷湿后再加药粉拌匀。拌种时最好用拌种器，少量种子可用玻璃瓶或空矿泉水瓶等容器与种子充分拌均匀，至少摇动30次。

2）浸种：按浸种用的浓度配制药液。药液量浸没种子可有效杀灭种子内外的病菌和害虫。

3）闷种：按闷种用的药液浓度与种子拌匀后堆放一定时间再播种。

4. 土壤处理法

在防治地下害虫、土传病害以及蔬菜根结线虫病时常常采用土壤处理的方法。一般在选用药剂后按每平方米施药量计算，然后将药剂稀释一定倍数施入土壤并耙匀或将药剂配制成毒土再与土壤拌匀。

5. 毒谷（饵）法

常用半熟的谷子、炒香的麦麸和饼肥，或鲜草等饵料，与具有胃毒作用的农药按一定比例混合拌匀，然后撒于地面或播种沟（或穴）内的方法。主要用来防治地下害虫或鼠类的为害。杀鼠剂与鼠类喜欢吃的饵料拌匀制成毒饵，或使用毒鼠饵料，应将毒饵投放在鼠道边、鼠洞口或隐蔽的地方。

6. 灌根法

将一定浓度的药液灌入植株根部，以达到防治病虫害的目的。使用的农药剂型可以是可湿性粉剂、乳油、悬浮剂等，按说明配成一定浓度的药液，装入喷雾器（将喷头去掉）或喷壶，向植株根部喷淋或浇灌。适宜防治地下害虫、根结线虫、枯萎病、黄萎病及根部病害，一般每株灌药液 0.25～0.5 升。使用时应在地下害虫初见或发病初期施用，为了提高防治效果，在灌根前要保证土壤有一定湿度，避免土壤太干而吸附大量药液，从而降低药效。

7. 烟雾法

使用烟雾剂或专用的烟雾机具将农药分散成烟雾状态，达到杀虫灭菌的目的。烟雾法非常适用于保护地日光温室中，在傍晚盖棚后，按大棚空间体积计算好用量，点燃烟雾剂即可，省工省事。因烟雾颗粒小，在空气中悬浮时间长，沉积均匀，所以防效比喷雾和喷粉效果要好。施药时，烟剂要布点均匀，用支架或砖块支离地面 20～30 厘米，从棚室由内而外点燃，注意要吹灭明火，使其正常发烟，点完后立刻密闭棚室和门窗过夜，次日清晨通风后方可农事操作。一般施药量为 0.3～0.4 克/米^2，隔 7～10 天施用 1 次，连续施用 2～3 次。烟剂可单独使用，也可与粉尘法、喷雾法交替使用。

第四章 瓜类蔬菜病虫害及防治

第一节 黄 瓜

一、黄瓜白粉病

【为害诊断】苗期至收获期均可染病，主要为害叶片，叶柄和茎次之。叶片发病初期，在叶背或叶面产生白色粉状小圆斑，后逐渐扩大为不规则、边缘不明显的白粉状霉斑，即为病菌分生孢子梗和分生孢子。病斑可以连接成片，布满整张叶片，受害部分叶片表现褪绿和变黄，发病后期病斑上产生许多黑褐色的小黑点，即病菌的闭囊壳。发生严重时，病叶组织变为褐色而枯死。

【发病规律】北方病菌以闭囊壳随病残体在土壤或保护地瓜类作物上越冬。南方以菌丝体或分生孢子在寄主上越冬或越夏。翌年温、湿度条件适宜时，分生孢子萌发，通过气流或雨水落在寄主叶片上，5 天后形成白色菌丝状病斑，7 天成熟，形成分生孢子飞散传播，进行再侵染。浙江地区黄瓜白粉病发生盛期主要在 4 月上、中旬至 6 月下旬，为害保护地黄瓜。田间流行温度 16～25℃，相对湿度 80％以上。保护地栽培黄瓜因通风不良、栽培密度过高、氮肥施用过多、田块低洼而发病较重。

【防治方法】

(1) 因地制宜选用耐病品种。如津杂系列，津研 2、4、6 号，宝扬 5 号黄瓜，中农 8 号，早春 1 号，山东 1 号，鲁黄 1 号等品种。

(2) 加强管理。合理密植，开沟排水，及时摘除病、老叶，加强通风透光，以增强植株长势，增施磷、钾肥，提高抗病力。

(3) 保护地烟熏处理。白粉病发生初期，每 50 立方米用硫磺 120 克、锯末 500 克拌匀，分放几处，傍晚开始熏蒸一夜，第二天清晨开棚通风或用 45%百菌清烟熏剂每公顷 3.75 千克进行熏蒸。

(4) 化学防治。在发病初期喷药，每隔 7～10 天 1 次，连续 2～3 次。药剂可选择 40%福星乳油 6 000 倍液或 10%世高水分散粒剂 1 000～1 500 倍液、62.25%仙生可湿性粉剂 600 倍液、15%粉锈宁可湿性粉剂 1 500 倍液、70%甲基托布津可湿性粉剂 800 倍液、75%百菌清可湿性粉剂 600 倍液进行防治。注意药剂间交替使用，并根据农药安全间隔期有关规定进行。如：15%粉锈宁可湿性粉剂安全间隔期为 7 天，70%甲基托布津可湿性粉剂安全间隔期为 14 天，40%福星乳油安全间隔期为 18 天等。

二、黄瓜疫病

【为害诊断】黄瓜整个生育期均可发病。保护地栽培主要为害茎基部、叶和果实。幼苗染病多始于嫩尖，产生水渍状、暗绿色病斑，病情发展较快，幼苗萎蔫枯死，但不倒伏。茎染病多在近地面茎基部开始，初期呈暗绿色、水渍状斑，后期病部缢缩，全株萎蔫而死亡。叶片染病，初呈暗绿色、水渍状斑点，后扩展为近圆形或不规则的大斑，潮湿时全叶腐烂，干燥时变青白色易破裂。瓜条发病，潮湿时长出灰白色霉层，迅速腐烂。

【发病规律】病菌以菌丝体、卵孢子和厚垣孢子随病残体在土中越冬。翌年春通过风、雨、灌溉水传播。植株发病后，在病部产生大量孢子囊和游动孢子，借气流传播再侵染。该病在平均气温18℃时开始发病，发病适温28～30℃，在此期间若遇多雨季节则发病重，大雨过后暴晴最易发病、流行。长江中、下游一带，4～5月为发病盛期，华北地区7～8月为发病盛期。连作地、排水不良、浇水过多、施用未腐熟栏肥、通风透光差的田块发病较重。

【防治方法】

（1）实行非瓜类作物轮作3年以上，采用地膜覆盖栽培，深沟高畦种植，施用充分腐熟有机栏肥。

（2）药剂浸种消毒。可用72.2%普力克水剂600倍液或64%杀毒矾可湿性粉剂800倍液，浸种30分钟后催芽。

（3）选择地势高燥、排水良好的田块，注意控制浇水次数，雨后及时排水，加强通风换气，发现中心病株，拔除深埋。

（4）化学防治。发病初期选用58%甲霜灵锰锌可湿性粉剂600倍液或72%杜邦克露可湿性粉剂800倍液、69%安克锰锌可湿性粉剂1 000倍液、52.5%抑快净水分散剂3 000倍液、72.2%普力克水溶性液剂800倍液、47%加瑞农可湿性粉剂800倍液、64%杀毒矾可湿性粉剂1 000倍液等喷雾。每隔7～10天1次，连续3～4次。注意交替使用，并根据农药安全间隔期有关规定进行，如64%杀毒矾可湿性粉剂安全间隔期为15天。

三、黄瓜根结线虫病

【为害诊断】主要发生在黄瓜根部的侧根和须根上。须根或侧根染病，产生瘤状大小不一的根结，浅黄色至黄褐色。解剖根结，病部组织中有许多细长蠕动的乳白色线虫寄生其中，根结之上一般可以长出细弱的新根，在侵染后形成根结肿瘤。轻病株地上部分症状表现不明显，发病严重时植株明显矮化，结瓜少而小，叶片褪绿，晴天中午萎蔫或逐渐枯黄，最后植株枯死。

【发病规律】该虫以幼虫或卵随根组织在土壤中越冬。病土、病根和灌溉水是其主要传播途径。一般在土壤中可存活1～3年。翌年春季在条件适宜时，雌虫产卵孵化成2龄幼虫侵入根尖，引起初次侵染。侵入的幼虫在根部组织中继续发育交尾产卵，产生新2龄幼虫，进入土壤中再侵染或越冬。线虫寄生后分泌的唾液刺激根部组织膨大，形成虫瘿或称根结。南方根结线虫生存最适温度25～30℃，土壤含水量50%左右，结瓜期最易发病。浙江地区黄瓜根结线虫在保护地栽培黄瓜上主要发生盛期在5～6月，露地秋黄瓜在8～9月。还可以为害番茄、茄子、萝卜等多种蔬菜作物。

【防治方法】

（1）轮作。与葱蒜、禾本科作物或水生蔬菜实行2～3年轮作，可基本消灭线虫。

（2）物理防治。保护地利用夏季换茬时节，深翻土层，然后高温闷棚或采用灌水10～15天杀死线虫。

（3）土壤消毒。每公顷用3%米乐尔颗粒剂或10%力满库75千克，沟施或穴施，整地后3～5天定植。

（4）化学防治。在作物生长期间，发病初期用药灌根，可选用1.8%阿维菌素乳油2 000倍液，每株灌药液250毫升。

四、黄瓜霜霉病

【为害诊断】黄瓜霜霉病是黄瓜最主要的病害，俗称“跑马干”。苗期、成株期均可发病，主要为害叶片。条件适宜时也可为害茎和花序。苗期子叶被害，病初在子叶正面产生不规则褪绿水渍状黄斑，潮湿时在子叶背病斑上产生灰黑色霉层，造成子叶干垂，幼苗死亡。成株期发病，多在开花至结瓜期较重，一般叶片染病，由植株下部叶片向上部叶片发展蔓延，发病初期在叶背产生水渍状斑点，病斑逐渐变为淡黄色或黄色，最后变为淡褐色干枯。病斑的扩展受叶脉限制，呈三角形，病斑边缘明显，潮湿时叶背长出灰黑色霉层，发病严重时，多个病斑连接成片，全叶变为黄褐色干枯、收缩而死亡。

【发病规律】病菌在土壤或病株残体的孢子囊及潜伏在种子内的菌丝体越冬或越夏。以孢子囊随风雨进行传播，从寄主叶片表皮直接侵入，引起初次侵染。以后随气流和雨水进行多次再侵染。

病菌喜温暖高湿的环境，适宜发病温度为10～30℃，最适温度为15～20℃，相对湿度90%以上。叶面有水滴或水膜病菌容易侵入和萌发。当温度在20℃左右，相对湿度在80%左右，持续6～24小时，则有利于该病发生、蔓延。春季多雨、多雾、多露，且温度上升到20～25℃，霜霉病可迅速发生、流行。浙江地区保护地栽培黄瓜霜霉病一般在3月上、中旬始见，个别年份暖冬季节1～2月也可始见霜霉病。4月初至5月中、下旬为发病盛期，露地栽培4月上旬始见，5月上、中旬至6月上、中旬为发病盛期。

黄瓜霜霉病一般在保护地发病重于露地，栽培上定植过密、氮肥使用过多、开棚通风不及时、肥力差、地势低的瓜地发病重。

【防治方法】

（1）选用抗病品种。对霜霉病较为抗病的黄瓜品种有津研系列黄瓜，津杂1、2号黄瓜，宝扬5号，中农1、3号黄瓜，西农58，广州全青等。

（2）选地与肥水管理。种植黄瓜地要选地势高燥、通风透光、排水性能好的田块，进行深沟高畦栽培，施足有机栏肥，增施磷、钾肥，提高植株本身的抗病性。生长前期适当控制浇水次数。

（3）生态防病。利用黄瓜和霜霉病对生长环境条件要求不同，采用利于黄瓜生长而抑制霜霉病的方法达到防病目的。具体方法如下：日出后棚温控制在25～30℃，通风使相对湿度降到60%～70%，做到温、湿度双限制、抑制发病，同时利于黄瓜光合作用；下午温度降至20～25℃，相对湿度降至70%左右，实现单湿度限制、抑制病害，而温度利于光合物质输送和转化。夜间，当气温达到10℃以上，即可整晚通风。

（4）高温闷棚。利用黄瓜和病原菌对高温的忍耐性不同来抑制病菌发育或杀死病菌。方法是在防病初期，选择晴天中午将大棚关闭，使棚内黄瓜生长点附近的温度上升到45℃而不超过47℃，维持2～3小时，然后逐步放风降低温度。处理时，要求土壤含水量高，棚内相对湿度高，以避免灼伤黄瓜生长点。

（5）药剂防治。及时检查霜霉病发生动态，在发病初期7天内，及时喷药防治。可选用58%甲霜灵锰锌可湿性粉剂600倍液、72%杜邦克露可湿性粉剂800倍液、69%安克锰锌可湿性粉剂1 000倍液、52.5%抑快净水分散剂3 000倍液、72.2%普力克水溶性液剂800倍液、47%加瑞农可湿性粉剂800倍液、64%杀毒矾可湿性粉剂1 000倍液等喷雾。另外，阴雨天，可用每667平方米使用45%百菌清烟熏剂；200～250克或5%百菌清粉尘剂或5%加瑞农粉尘剂1 000克烟熏或喷粉，以提高综合防效。

发病前进行喷雾预防。可用40%达科宁悬浮剂600倍液或77%可杀得可湿性粉剂1 000倍液、75%百菌清可湿性粉剂600倍液，大生M－45可湿性粉剂800倍液等喷雾。注意交替使用，并按照国家有关农药使用安全间隔期规定进行。如：72%杜邦克露可湿性粉剂安全间隔期为10天，72.2%普力克水溶性液剂安全间隔期为8天，77%可杀得可湿性粉剂安全间隔期为6天，47%加瑞农可湿性粉剂安全间隔期为10天。

五、黄瓜细菌性角斑病

【为害诊断】黄瓜角斑病主要为害叶片和瓜条，也能为害叶柄、茎蔓和卷须。苗期至成株期均可染病。苗期染病，在子叶上产生圆形水渍状凹陷病斑，后变黄褐色，逐渐干枯。叶片染病，初生针头大小水渍状斑点，逐渐扩大，因受叶脉限制而成为多角形，淡黄色至黄褐色，潮湿时，叶背产生乳白色黏液菌脓，干燥后形成白痕，病部易破裂穿孔。瓜条染病，出现水渍状小病斑，严重时连片成不规则形，并产生菌脓。病菌可以侵入种子，使种子带菌。茎蔓、叶柄和卷须染病，初现水渍状小斑，后扩大呈短条状，黄褐色，湿度大产生菌脓，严重时病部出现裂口，空气干燥时病部有白痕。

【发病规律】细菌随病残体在土壤中或以带菌种子越冬，为翌年初次侵染菌源。种子上的病菌在种皮和种子内部可存活1～2年。播种后直接侵染子叶，病菌在细胞间繁殖，借雨水反溅、棚顶水珠下落、昆虫等传播蔓延。从寄主自然孔口和伤口侵入，经7～10天潜育后出现病斑，潮湿时产生菌脓。

病菌喜温暖、潮湿的环境。发病适温为18～28℃，相对湿度80%以上，黄瓜最易感病时期是开花坐果期至采收盛期。长江流域黄瓜角斑病4～6月和9～11月为发病盛期。

【防治方法】

（1）选用耐病品种。如：津研2号、6号，中农8号，津早3号等。

（2）种子消毒。用50℃温水浸种20分钟，捞出晾干后催芽播种，或用种子重量0.3%的75%百菌清可湿性粉剂拌种后播种。

（3）栽培管理。与非瓜类作物轮作2年以上；清洁田园，生长期间和收获后及时清除病叶和病残体深埋；深翻土层，加速病残体的分解，减少菌源。

（4）化学防治。在发病初期，选用77%可杀得可湿性粉剂1 000倍液或47%加瑞农可湿性粉剂800倍液、14%络氨铜水剂600倍液、50%代森铵水剂1 000倍液、72%农用链霉素可湿性粉剂 4 000 倍液、50%DT 可湿性粉剂 500 倍液等药剂喷雾。每隔 5～7 天 1 次，连续 3～4 次。注意交替使用，并根据农药安全间隔期有关规定进行。

六、黄瓜枯萎病

【为害诊断】黄瓜枯萎病是一种维管束病害，主要症状表现为植株萎蔫。黄瓜开花期至坐果期为发病盛期。根茎染病，生长点呈失水状，根部腐烂，茎蔓稍缢缩，茎纵裂有松香状胶质物流出，湿度大时病部产生粉红色霉层，茎维管束变褐色。被害株最初表现为部分叶片萎蔫，中午下垂，晚上恢复，以后萎蔫叶片增多直至全株萎蔫死亡。幼苗染病，子叶先变黄、萎蔫，茎基部缢缩，变褐腐烂，易造成植株倒伏死亡。

【发病规律】病菌以菌丝、厚垣孢子或菌核在土中残体或种子上越冬，成为次年初侵染源。病菌可在土中存活 5～6 年。病菌借雨水、灌溉水和昆虫等传播。病菌从根部伤口、自然裂口或根毛细胞侵入，也可从茎基部的裂口侵入。后进入维管束，发育堵塞导管，造成叶片萎蔫。

该病是一种土传病害。病菌喜温暖潮湿的环境，发育适温为 24～28℃，土壤含水量在 20%～40%；发病潜育期 10～25 天。连作地病重，土壤湿度大病重，地下害虫多病重，时晴时雨或阴雨骤晴，病害容易发生流行。在长江中、下游地区黄瓜枯萎病在 5～6 月为盛发期。

【防治方法】

（1）选用抗病品种。如：长春密刺，津研 2、6 号，津杂 2、3、4 号，中农 5 号，鲁春 1 号，湘黄瓜 1、2 号等。

（2）避免连作。与十字花科作物实行 3～5 年的轮作，提倡水旱轮作。进行种子温汤浸种处理或药剂处理。

（3）嫁接防病。用云南黑籽南瓜或当地的白籽南瓜作砧木，黄瓜苗作接穗，采用靠接或插接法进行嫁接。嫁接后置于小拱棚中保温、保湿，控制白天温度28℃、夜间15℃、相对湿度90%左右，精心管理10～15天，成活后同常规管理。

（4）加强田间管理。采用地膜栽培，提倡施用腐熟有机栏肥，增施磷、钾肥和根外追肥，雨后及时开沟排水。保护地栽培注意通风透光，增强植株自身抗病能力。

（5）化学防治。在出现中心病株后，立即选择50%多菌灵可湿性粉剂800倍液或40%瓜枯宁可湿性粉剂1 000倍液、30%DT可湿性粉剂500倍液、10%宝丽安可湿性粉剂600倍液等进行灌根。每穴浇灌药液250毫升。每隔7～10天1次，连续2～3次。注意药剂交替使用，并根据农药安全间隔期有关规定进行。

第二节　葫　芦

一、葫芦灰霉病

【为害诊断】葫芦灰霉病主要为害花、幼瓜、叶和茎。苗期至成株期均可染病。幼苗染病主要在叶和嫩茎上产生水渍状褪绿斑，后长出灰色霉层，造成幼苗枯死。成株期多从开败的雌花侵入，致花瓣腐烂，并长出淡褐色的霉层，即分生孢子和分生孢子梗，造成花瓣枯萎脱落。然后病害继续向幼果发展，果面皮层发黄，长出霉层，引起幼果腐烂。雄花同样容易感染灰霉病，引起枯萎脱落，多掉在叶片和茎上侵染发病。叶片受害，形成褐色圆形或不规则大病斑，病、健部分界明显，上生少量的灰霉。茎染病后湿度高时容易引起腐烂死亡。

【发病规律】病菌主要以菌丝、分生孢子或菌核随病残体在土壤中越冬。在环境条件适宜时，分生孢子借雨水、气流及农事操作等传播蔓延。病菌从伤口、残花等侵入，引起初次侵染。

该病菌喜温暖潮湿的环境，发育适温在18～25℃，相对湿度90%以上；发病潜育期5～10天。早春雨水多、气温低、光照不足容易发生流行。3～5月和10～12月是长江中、下游地区葫芦灰霉病主要盛发期。地势低洼、连作田块、通风不良的田块发病较重。

【防治方法】

（1）轮作。实行非瓜类作物轮作3年以上。

（2）加强管理。选择地势高燥、排水良好的田块；雨后及时排水，加强通风换气，降低相对湿度；生长期及时摘除病叶、病花和病果，注意控制肥水次数，做到晴天浇水施肥，增施磷、钾肥等。

（3）烟熏或喷粉。发病初期或阴雨天气，可采用45%百菌清或一熏灵烟熏剂每公顷3.75千克进行熏蒸，或5%万霉灵粉坐剂每公顷15千克进行喷撒，提高防效。

（4）化学防治。发病初期开始喷药，每隔7～10天1次，连续2～3次。可用50%速克灵可湿性粉剂1 500倍液或50%农利灵可湿性粉剂1 000～1 500倍液、40%施佳乐悬浮剂1 000倍液、50%扑海因可湿性粉剂1 000～1 500倍液、70%甲基托布津可湿性粉剂800倍液、50%万霉灵可湿性粉剂1 000倍液等药剂喷雾。注意交替使用，并根据农药安全间隔期有关规定进行。

二、葫芦病毒病

【为害诊断】病株嫩叶上呈现深绿和浅绿色斑驳，植株矮小，叶片皱缩，后期叶片枯黄而死亡。重病株上部叶片畸形，呈鸡爪状，病株结瓜数少，瓜面具瘤状凸起或畸形。

【发病规律】该病由黄瓜花叶病毒（CMV）和甜瓜花叶病毒（MMV）等多种病毒单独或复合侵染所引起。该病在芹菜、菠菜、宿根性杂草上越冬。主要通过蚜虫和种子带菌传播；田间可通过农事操作和病健植株接触、摩擦汁液传播。一般高温、干旱季节，肥水不足、管理粗放、蚜虫为害重有利于发病。长江中、下游地区，葫芦病毒病有5～6月和9～11月两个发生盛期。一般秋季重于春季。

【防治方法】

（1）选用品种。因地制宜选用抗（耐）病品种。

（2）种子消毒。用种子重量的0.4%的病毒A粉剂拌种，或用10%磷酸三钠浸种20分钟，清水冲洗晾干后播种。

（3）田间管理。施足基肥，苗期遇高温、干旱，必须勤浇水，降温保湿，使植株根系生长健壮，提高抗病能力。

（4）防治蚜虫。及时防治蚜虫，做到田间连续灭蚜，减少蚜虫传毒。

（5）化学防治。防病初期可用20%病毒A可湿性粉剂500倍液或1.5%病毒灵乳油1 000倍液、3%菌毒清水剂300倍液、1.5%植病灵乳剂1 000倍液，每隔7～10天1次，连续3～4次。

三、葫芦白粉病

【为害诊断】苗期至收获期均可染病。主要为害叶片，叶柄和茎受害次之，果实较少发病。叶片发病初期，产生白色粉状小圆斑，后逐渐扩大为不规则的白粉状霉斑。病斑可以连接成片，受害部分叶片逐渐发黄，后期病斑上产生许多黄褐色小粒点，即病菌的子囊壳。发生严重时，病叶变为褐色而枯死。

【发病规律】病菌随病残体在土壤中、花房月季花、保护地瓜类作物上越冬。翌年温、湿度条件适宜时，分生孢子萌发，通过气流或雨水传播侵染。浙江地区葫芦白粉病发生盛期，主要有4月上、中旬至7月下旬和9～11月。田间流行温度15～25℃。在时雨时晴，高温、干旱和高湿条件交替出现时，容易发生流行。

【防治方法】

（1）选用品种。因地制宜选用抗（耐）病品种。

（2）加强田间管理。及时摘除病、老叶，加强通风透光，增施磷、钾肥，提高抗病力。

（3）烟熏技术。白粉病发生初期，每50立方米用硫磺120克、锯末500克拌匀，分放几处，傍晚开始熏蒸一夜，第二天清晨开棚通风；或用45%百菌清烟熏剂每公顷3.75千克进行熏蒸。

（4）化学防治。在发病初期喷药。每隔7～10天1次，连续2～3次。药剂可选择40%福星乳油6 000倍液或10%世高水溶性颗粒剂1 000～1 500倍液、62.25%仙生可湿性粉剂600倍液、15%粉锈宁可湿性粉剂1 500倍液、75%百菌清可湿性粉剂600倍液等进行防治。晴天喷药，要求喷雾周到、足量。注意交替使用，并根据农药安全间隔期有关规定进行。

第三节　十字花科及其他类蔬菜病害防治

一、真菌性病害

1. 白菜霜霉病

【症　状】白菜霜霉病俗称霜叶和白霉病，发生普遍且严重，除为害大白菜外，还侵染小白菜、油菜、甘蓝、花椰菜、芜菁、芥菜、雪里蕻和萝卜等十字花科蔬菜，主要为害叶片。苗期发病，叶正面出现淡绿色斑点，扩大后变黄。潮湿时，叶背面长出白色霉状物，高温干旱时，病部形成圆形的枯斑。成株发病，由下部叶片开始，初现褪绿斑点，逐渐发展为黄绿斑，因受叶脉限制呈多角形。潮湿时，叶背长出白霉，此为病菌的孢子囊和孢囊梗。严重时，病斑可连片，叶片由外向内枯死。花薹、花梗及种荚发病时，呈肿胀扭曲状。

【发病规律】病菌以卵孢子和菌丝在病残体及留种株上越冬，翌年春季，孢子囊萌发侵染小白菜、小萝卜、采种白菜和油菜，病斑上形成孢子囊，借风雨进行再侵染。

2. 白菜白斑病

【症　状】白斑病发生比较普遍，北方冷凉地区发病较重，常与霜霉病同时发生，不仅造成产量上的损失，还影响蔬菜品质，使其不耐贮藏。除为害白菜外，还可为害甘蓝、油菜、萝卜、芹菜和雪里蕻等。主要为害叶片。初为灰褐色小圆点，散生，病斑扩大后呈近圆形或卵圆形，中间灰白色，有时病斑上出现1～2轮纹，周围有淡黄色晕圈，病斑最终为白色，半透明；发病后期病斑连片形成枯死斑。潮湿条件下，病斑背面产生灰白色霉状物。

【发病规律】病害是由半知菌亚门白斑小尾孢菌侵染引起的。病菌以菌丝体随病残体在土表或采种株上越冬，附着在种子上分生孢子也是重要的初侵染源。从病组织上产生的分生孢子借风雨传播，分生孢子从叶片气孔侵入，发病适宜温度是11～23℃，多雨年份发病严重。

3. 白菜黑斑病

【症　状】白菜黑斑病是常见的病害，除为害白菜外，还可侵染甘蓝、花椰菜、萝卜、油菜、芥菜和芹菜等蔬菜。病菌为害植株的叶片、叶柄、花梗及种荚等部位，从外叶开始发病，病斑呈圆形，初期为灰白色或灰褐色，有同心轮纹，周围有时出现黄色晕圈。潮湿条件下，病斑上产生黑色霉状物，此为病菌的分生孢子梗和分生孢子。病斑从叶缘开始产生，有时病斑出现穿孔，病斑多时，可连片造成叶片枯死。

【发病规律】黑斑病是由半知菌亚门芸薹链格孢菌等多种链格孢菌侵染引起的，病菌以菌丝或分生孢子在病残体上越冬，黏附在种子上的分生孢子是翌年重要的初侵染来源。在潮湿条件下，病斑上产生大量分生孢子，借气流传播。黑斑病发病适宜温度为15～17℃，所以北方在晚秋时节易发生和流行。

二、病毒病害

白菜病毒病

【症　状】白菜病毒病又称白菜花叶病、孤丁病、抽风病。发生普遍且严重，常与白菜霜霉病、白菜软腐病并称为白菜三大病害，除为害白菜外，还为害小白菜、甘蓝、青菜、菜心、萝卜、芹菜和芜菁等蔬菜作物。苗期和成株期以及采种株上都可发病，但以苗期发生为主。该病主要是由芜菁花叶病毒，黄瓜花叶病毒，烟草花叶病毒等引起，冬季病毒在窖藏大白菜或越冬菠菜以及十字花科蔬菜上越冬，翌年春天靠蚜虫将毒原传到十字花科蔬菜上，再传到秋菜上，在有大棚、温室等保护地种植蔬菜的地方，病毒可以周年不断的侵染循环。

【发病规律】田间蚜虫是主要传病媒介。蚜虫的数量与发病有密切关系，而蚜虫数量与气候条件有关，高温、干旱条件适宜蚜虫繁殖，也有利于病毒的传播，因此，适时播种，适当蹲苗可降低蚜虫的传播几率。

三、细菌性病害

1. 白菜软腐病

【症　状】白菜软腐病又称烂疙瘩，从莲座期至包心期均有发生。发病时常见外部叶片萎蔫，初期晴天中午萎蔫，早晚可恢复，持续几天后，病株外叶平铺地面，心部和叶球外露，叶和根的基部组织腐烂，流出灰褐色的黏稠状物，病株易折倒；病菌由基部伤口侵入，形成水浸状浸润区，逐渐扩大后变为淡灰褐色，病组织呈黏滑状软腐；病菌由叶柄、外部叶片边缘或叶球顶端伤口侵入，引起整株腐烂。软腐病造成的腐烂具有恶臭味，这是与真菌病害引起的腐烂在诊断上的主要的区别。干燥条件下，腐烂的病叶逐渐失水变干，呈薄纸状，紧贴叶球。

【发病规律】软腐病是一种细菌病害，该病不仅在田间引起腐烂症状，在贮藏及运输过程中都能引起腐烂。病菌主要在留种株、病叶和未腐熟的肥料中越冬。通过雨水、灌溉水和昆虫传播蔓延，从伤口侵入危害。

2. 甘蓝黑腐病

【症　状】黑腐病是细菌引起的维管束病害，分布广，长年发生，大发生时为害严重，是甘蓝生产上的重要病害。除为害甘蓝外，还为害萝卜、花椰菜、白菜、油菜、芜菁、芥菜、雪里蕻等蔬菜作物。病害在苗期和成株期均可发病，子叶期发病形成水浸状病斑，成株期多在下部老叶上发生，典型症状是在叶缘处产生"V"字形黄色病斑。坏死病斑扩大成黄褐色，病斑边缘浅黄色，与健康组织没有清晰界线。病部叶脉变黑呈网状，病叶最后干枯，根茎部受害，维管束变黑，心部干腐，最终全株萎蔫死亡。

【发病规律】病原菌是野油菜黄单胞杆菌野油菜黑腐致病变种。病菌在种子、种株及土壤中的病残体上越冬，一般可存活2～3年。通过种子、雨水、灌溉水和昆虫传播，由伤口、气孔侵入为害。

四、真菌病害防治方法

【农业防治】种植抗病品种白菜如津绿55、北京欣2号、晋菜3号、鲁白6号等。注意清除田间病残株；及时排水，高畦栽培；增施磷、钾肥，提高植株的抗病力；深翻土地并施行轮作倒茬。

【药剂防治】

（1）防治霜霉病。用64％嗯霜·锰锌可湿性粉剂400倍液，或 72.2％霜霉威盐酸盐水剂 600～800 倍液，或 72％霜脲·锰锌可湿性粉剂 600 倍液，或 69％烯酰·锰锌水分散粒剂 600 倍液，或 68％甲霜·锰锌水分散粒剂 600～800 倍液喷雾。

（2）防治白斑病、黑斑病。可用 10％苯醚甲环唑·水分散粒剂 1 500 倍液，或 25％嘧菌酯悬浮剂 1 500 倍液，或 80％代森锰锌可湿性粉剂 500 倍液，或 40％氟硅唑乳油 8 000 倍液，或 75％百菌清可湿性粉剂 600 倍液。注意使用药剂防治时应交替轮换使用，避免产生抗药性。

五、病毒病害防治方法

【农业防治】

（1）选用抗病品种。种植当地适宜的抗病品种，如青帮品种较抗病，适期播种，不宜过早播种，应避开高温、干旱气候和蚜虫多发的时期，可减轻病毒病的发生。

（2）防蚜、避蚜。播种后搭建拱棚，覆盖 50 目防虫网，或用银灰反光塑料薄膜避蚜；当菜苗长到 6～7 片真叶时，撤去防虫网或银灰膜后定植，防病增产效果明显。还要及时防治蚜虫，具体防治方法参见蚜虫的防治。

【药剂防治】在定植前后喷一次 20％病毒 A 可湿性粉剂 600 倍液，或 1.5％植病灵乳油 1 000～1 500 倍液；也可喷施 5％菌毒清 300 倍液，或 40％氨基寡糖素水剂 500 倍液。

六、细菌病害防治方法

【农业防治】

（1）选用抗病品种。青帮比白帮抗病，直筒型比包心型抗病。

（2）加强栽培管理。施足腐熟的基肥；深沟窄畦，排水良好。

（3）及时防虫。软腐病菌随农肥、雨水和昆虫传播，因此出苗后应及时防虫。主要防治黄曲跳甲、菜青虫、小菜蛾、地蛆等。选用药剂有：5%抗蚜威1 000倍液，或B.t乳剂+0.2%溴氰菊酯800倍液喷雾。药剂要交替使用，避免产生抗药性。

【药剂防治】 72%农用链霉素可溶性粉剂4 000倍液，或新植霉素4 000倍液，或50%溴异氰脲酸盐1 000～1 500倍液喷雾。

第四节　其他瓜类蔬菜病虫害防治

一、白粉虱

属同翅目粉虱科，又名小白蛾子；自20世纪70年代中期以来，随着温室大棚的发展而迅速扩散蔓延。主要为害黄瓜、菜豆、茄子、甜椒、花椰菜、白菜、莴苣、芹菜、花卉等。

【形态特征】 成虫体长1～1.5毫米，淡黄色，翅面覆盖白色蜡粉，停息时双翅合拢成屋脊状，翅端半圆状遮住整个腹部，翅脉简单。沿翅外缘有一排小颗粒。卵长椭圆形，长约0.2毫米，有卵柄，长约0.02毫米。初产淡绿色，薄覆蜡粉，孵化前变黑色，并微有光泽。若虫共4龄；长椭圆形，老熟若虫体长约0.5毫米，称伪蛹，黄褐色，体背有长短不一的蜡丝，体侧有刺。

【为害诊断】 成虫和若虫群集叶背吸食植株汁液。被害叶片褪绿、变黄、萎蔫，甚至全株死亡。由于该虫繁殖力极强，种群数量庞大，分泌大量蜜源，严重污染叶片和果实，引起煤污病的大发生，使蔬菜失去商品性。

【防治方法】

（1）农业防治。育苗前清除杂草和残留株，彻底熏蒸杀死残留虫源，培育无虫苗；避免黄瓜、番茄、豆类混栽或换茬，与十字花科蔬菜进行换茬，以减轻发生；田间作业时，结合整枝打杈，摘除植株下部枯黄老叶，以减少虫源。

（2）黄板诱杀。在白粉虱成虫盛发期内，在田间设置黄板与植株同样高度，可有效诱杀成虫。

（3）生物防治。在保护地白粉虱发生初期，0.5 头成虫/株时，按白粉虱与丽蚜小蜂 1∶2～4 比例，每隔两周放一次，共释放三次，可较好控制早期白粉虱的为害。

（4）化学防治。白粉虱世代重叠严重，繁殖速度快，所以要在白粉虱发生早期施药，每隔 5 天一次，连续喷 3～4 次。可选择 10%扑虱灵乳油 1 000 倍液或 20%康福多浓可溶剂 5 000 倍液、2.5%天王星乳油 3 000 倍液、20%灭扫利乳油 2 000～2 500 倍液等药剂。注意药剂的交替使用。各类农药使用应严格按照安全间隔期有关规定进行。

二、瓜类蔓枯病

【为害诊断】黄瓜、南瓜、西葫芦、冬瓜等均可发病。主要发生于茎蔓、叶、果等部分。幼茎受害，初现水渍状小斑，病斑绕茎一周后，幼苗死亡。瓜蔓上发病多在基部分枝处或节部，病斑油渍状，灰褐色，椭圆形或梭形，稍凹陷，后软化变黑，绕茎一周使病部以上茎蔓枯萎，易折断，病部溢出琥珀色胶质物，干燥后红褐色，干缩纵裂，表面密生小黑点（分生孢子器）。子叶被害，病斑初为水渍状小点，后呈圆形或半圆形青灰色大病斑，进而扩展到整个子叶，使子叶枯死，在病部产生许多小黑点。叶部病斑圆形或不规则形，若在叶缘，产生“V”字形或半圆形黄褐色至淡褐色大病斑，直径 1～3 厘米，病斑轮纹不明显，后期散生小黑点，病部易破碎。卷须受害，可失水变褐枯死。叶柄发病则可造成叶片萎蔫。果实多在幼瓜期感染，初现水渍状小斑，扩大后为黑褐色大凹斑，星状裂开，果肉淡褐色，软化。本病症状与枯萎病的明显区别是维管束不变色，且仅限于发病节部以上枯死，病部有小黑点。

【发病规律】病菌主要以分生孢子器或假囊壳随病残体在土中越冬，种子也可带菌。病残体中的病菌在旱地表土可存活 10 个月以上，在室内可存活 20 个月以上，在水中或湿土中仅存活 3 个月，种子上为 18 个月。第二年分生孢子或子囊孢子借流水和风、雨传播，从伤口、自然孔口或直接侵入。以当年病斑上产生的分生孢子进行再侵染。种子内带菌可直接引起子叶发病。病害的发生与温、湿度密切相关。高温、多雨、湿度大，病害发生严重。平均气温 22～25℃，空气相对湿度超过 85％有利于发病。重茬地、低洼积水、种植过密、湿度大、植株长势差的瓜地发病重。

【防治方法】

（1）选用无病种子和种子处理。选无病瓜留种，如种子有带菌嫌疑，可用 55℃的温水浸种 15 分钟，或用 50％福美双可湿性粉剂 500 倍液浸种 2 小时、80％402 的 4 000 倍液浸种 10 小时，可杀死病菌。

（2）加强田间管理。选择排水良好的高燥地种植，增施有机肥和磷、钾肥；雨季加强排水，发病后适当控制浇水；及时清除病叶，保护地注意通风排湿。

（3）轮作。实行与非瓜类作物 2～3 年轮作。

（4）化学防治。在发病初期用 40％福星乳油 8 000 倍液，或 50％扑海因可湿性粉剂 1 500 倍液、75％百菌清可湿性粉剂 600 倍液、70％代森锰锌可湿性粉剂 500 倍液、50％多菌灵可湿性粉剂 800 倍液等药剂喷洒。每 5～7 天喷药 1 次，共 2～3 次。在保护地也可用百菌清烟熏剂熏烟防治。

三、瓜蚜

属于同翅目蚜科，别名棉蚜。除西藏未见报道外，全国各地均有发生。主要为害黄瓜、南瓜、西葫芦、西瓜、豆类、茄子、菠菜、葱、洋葱等蔬菜及棉花、烟草、甜菜等农作物。

【形态特征】有翅胎生雌蚜体长1.2～1.9毫米，体黄色至深绿色。前胸背板黑色，且前后各有1条灰色带。夏季个体腹部多为淡黄色，春、秋季多为蓝黑色。触角6节，第3节感觉圈4～10个，一般为6～7个，几乎成一排；第4节感觉圈0～2个，第5节近端部有1个，第6节茎部有2～3个感觉圈。腹管圆筒形，黑色，表面具网纹。尾片圆锥形，具刚毛4～7根。无翅胎生雌蚜体长1.5～1.9毫米，夏季黄绿色，春、秋墨绿色。触角第3、4节无感觉圈，第5节有1个，第6节膨大部有3～4个。体表被薄蜡粉。尾片两侧各具毛3根。

【为害诊断】以成蚜及若蚜在叶背和嫩茎上吸食作物汁液。瓜苗嫩叶及生长点被害后，叶片卷缩，瓜苗萎蔫，甚至整株枯死。老叶受害，提前枯落，缩短结瓜期，造成减产。此外，还能传播病毒病。

【防治方法】参见桃蚜。但瓜类对吡虫啉较敏感，高温季节慎用。

四、瓜蓟马

属于缨翅目蓟马科。又名棕榈蓟马、节瓜蓟马、棕黄蓟马。主要为害节瓜、黄瓜、西瓜、冬瓜、苦瓜、茄子、甜椒、豆类蔬菜等。

【形态特征】成虫体长约1毫米，金黄色，前胸后缘有缘鬃6根，翅透明细长，周缘有细长毛，前翅上脉基鬃7条，中部至端部3条。卵为长椭圆形，长0.2毫米，淡黄色。若虫共4龄，复眼红色，体黄白色。

【为害诊断】蓟马在广东年发生20多代，长江流域年发生10～12代，世代重叠严重。多以成虫在茄科、豆科、杂草或在土缝下、枯枝落叶中越冬，少数以若虫越冬。浙江常年越冬代成虫在5月上、中旬始见，6～7月数量上升，8～9月为为害高峰期。蓟马成虫有较强的趋黄性、趋嫩性和迁飞性，爬行敏捷、善跳、怕光，平均每头雌虫可产卵50粒。卵产于生长点及幼瓜的茸毛内。成虫寿命6～25天。可营两性生殖和孤雌生殖。初孵幼虫群集为害，1～2龄多在植株幼嫩部位取食和活动，老熟若虫自落地入土发育为成虫。蓟马最适宜幼虫发育温度25～30℃，土壤含水量20%左右，若虫最适羽化。卵历期5～6天，若虫期9～12天。在夏秋高温季节发生严重。

瓜蓟马主要以成虫和若虫锉吸心叶、嫩梢、嫩芽、花和幼瓜的汁液，被害嫩叶嫩梢变硬缩小，植株生长缓慢，节间缩短；幼瓜受害出现畸形，毛茸变黑，造成落瓜，在瓜面出现黄褐色、褐色斑纹或锈皮，严重影响瓜条商品性。

【防治方法】

（1）农业防治。秋、冬季清洁瓜园和茄果园，消灭越冬虫源；加强肥水管理，使植株生长健壮，可减轻为害；采用营养钵育苗、地膜覆盖栽培等。

（2）黄板诱杀。在成虫盛发期内，在田间设置黄色黏虫板，有效诱杀成虫。

（3）化学防治。根据蓟马繁殖速度快，易成灾的特点，应注意在发生早期施药。当每株虫口达3～5头时，立即喷施。开始隔5天喷药2次，以压低虫口数量，以后视虫情隔7～10天喷1次，共喷3～4次。可选择10%一遍净可湿性粉剂1 000倍液或20%康福多浓可溶剂5 000倍液、5%锐劲特胶悬剂2 000～2 500倍液、40%乙酰甲胺磷乳油、50%辛硫磷乳油1 000倍液等药剂。以上药剂注意交替使用。各类农药使用严格按照安全间隔期有关规定进行保护地密闭烟熏，效果较好。

五、瓜绢螟

属于鳞翅目螟蛾科。又名瓜螟、瓜野螟。北起辽宁、内蒙古，南至国境线均有分布，长江以南密度较大。近年山东常有发生，为害也很重。主要为害丝瓜、苦瓜、黄瓜、甜瓜、西瓜、冬瓜、番茄、茄子等蔬菜作物。

【形态特征】成虫体长约11毫米，翅展约25毫米。头、胸部黑色，前翅白色略透明，有紫色闪光。翅前缘和外缘、后翅外缘呈黑色带。卵为扁平椭圆形，淡黄色，表面有网纹。幼虫共5龄，老熟幼虫体长约26毫米，体背面上有2条明显的白色纵带，气门黑色。蛹长约14毫米，深褐色，翅端达第6腹节，有白色薄茧。

【为害诊断】瓜绢螟在广东、广西年发生6代；浙江、上海年发生5～6代，世代重叠。多以老熟幼虫和蛹在枯叶或表土中越冬。浙江常年越冬代成虫在5月中旬至6月上旬灯下可见，8～10月为为害高峰期。成虫趋光性弱，昼伏夜出，平均每头雌虫可产卵300粒，卵多产于叶背。初孵幼虫取食嫩叶，残留表皮成网斑。3龄后开始吐丝卷叶为害。幼虫活泼，受惊吐丝下垂转移他处为害。老熟幼虫在卷叶内或表土中作茧化蛹。最适宜幼虫发育温度为26～30℃，相对湿度80%以上。卵历期2～4天，幼虫历期7～10天，蛹历期6～8天。

【防治方法】

(1) 农业防治。秋冬季清洁瓜园，消灭枯叶中的越冬虫蛹。人工摘除卷叶。捏杀部分幼虫和蛹。

(2) 化学防治。在二龄幼虫盛发期（未卷叶前）喷药1～2次。可选择25%杀虫双水剂500倍液或50%辛硫磷乳剂1 000倍液、5%锐劲特胶悬剂2 000～2 500倍液、52.5%农地乐乳油1 000倍液、20%菊·马乳剂3 000倍液等药剂。注意交替使用。

各类农药使用严格按照安全间隔期有关规定进行。

六、瓜实蝇

属双翅目实蝇科。又名黄瓜实蝇、瓜小实。蝇、瓜大实蝇、针蜂、瓜蛆。主要分布在华东、华南及台湾、云南、四川、湖南等省。为害冬瓜、苦瓜、节瓜、南瓜、黄瓜、丝瓜、笋瓜等瓜类作物。

【形态特征】成虫体长 8 毫米，翅展 16 毫米，体形似蜂，黄褐色。前胸左右及中、后胸有黄色的纵带纹。翅膜质透明，杂有暗褐色斑纹。腹背第 4 节以后，有黑色的纵带纹。卵细长形，长约 0.8 毫米，一端稍尖，乳白色。老熟幼虫体长 10 毫米，蛆状，乳白色，具明显的黑色口沟。蛹长约 5 毫米，圆筒形，黄褐色。

【为害诊断】成虫以产卵管刺入幼瓜表皮内产卵。幼虫孵化后即钻进瓜内取食。受害瓜先局部变黄，而后全瓜腐烂变臭，大量落瓜，即使不腐烂，刺伤处也凝结着流胶，畸形下陷；果皮硬实，瓜味苦涩，品质下降。

【防治方法】

（1）毒饵诱杀成虫。用香蕉皮或菠萝皮（也可用南瓜、番薯煮熟经发酵）40 份、90%敌百虫晶体 0.5 份（或其他农药）、香精一份，加水调成糊状毒饵，直接涂在瓜棚篱竹上或装入容器挂于棚下。每 667 平方米 20 个点，每点放 25 克，能诱杀成虫。

（2）处理被害瓜。及时摘除被害瓜，喷药处理烂瓜、落瓜，并深埋。

（3）保护幼瓜。在严重地区，将幼瓜套纸袋，避免成虫产卵。

（4）化学防治。在成虫盛发期，选中午或傍晚喷洒 50%地蛆灵或 35%驱蛆磷乳油 2 000 倍液、2.5%溴氰菊酯乳油 3 000 倍液均有效。因成虫出现期长，需隔 3～5 天喷 1 次，连续 2～3 次。

在卵孵高峰期，喷洒 75%灭蝇胺（潜克）可湿性粉剂 5 000～7 000倍液，隔 5～7 天 1 次，连续 2～3 次。

七、黄足黄守瓜

属于鞘翅目叶甲科。又名黄守瓜黄足亚种、瓜守、黄虫、黄萤；分布东北、华北、华东、华南、西南等地。为害 19 科 69 种以上植物，以葫芦科为主，如黄瓜、南瓜、丝瓜、苦瓜、西瓜、甜瓜等，也可为害十字花科、茄科、豆科等蔬菜。

【形态特征】雌成虫体长 8～9 毫米，雄虫略小，为长椭圆形甲虫，黄色，仅中、后胸及腹部腹面为黑色，前胸背板中有一波形横凹沟。卵长 1 毫米，近球形，淡黄色，表面具六角形细纹。幼虫长约 12 毫米，头部黄褐色，体黄白色，臀板腹面有肉质凸起，上生微毛；蛹长约 9 毫米，裸蛹形，黄白色，头顶、腹部及尾端有粗短的刺。

【为害诊断】成虫取食瓜苗的叶和嫩茎，常引起死苗。也可为害花及幼瓜。幼虫主要在土中咬食瓜根，导致瓜苗整株枯死。还可蛀入接近地表的瓜内为害，引起腐烂。防治不及时，影响瓜果的品质和产量。

【防治方法】

（1）农业防治。温床育苗，可提早移栽，待成虫活动为害时，瓜苗已长大，可减轻为害；瓜类作物适当间作芹菜、甘蓝及莴苣等也可减轻为害。此外，采用地膜栽培或在瓜苗周围撒草木灰、烟草粉、糠秕、木屑等，可阻止成虫产卵。

（2）化学防治。防治成虫可用 40%氰戊菊酯乳油 4 000 倍液或 2.5%保得乳油 2 000 倍液、5%锐劲特悬浮剂 2 000 倍液灌根。防治幼虫，可用 90%敌百虫 1 500～2 000 倍液、50%辛硫磷 1 000～1 500倍液灌根，或用 5%毒死蜱颗粒剂每公顷 45 千克沿茎基部均匀撒施。

第五章　茄类蔬菜病虫害及防治

第一节　疫　病

一、番茄早疫病

【症　状】又称轮纹病。叶、茎、果均可发病，但以叶片受害为主。叶片初呈针尖大的小黑点，后扩展为圆形或近圆形的轮纹斑，边缘深褐色，中间灰褐色，叶面或有或无黄色晕环。潮湿条件下病斑长出黑霉。一般多从植株下部叶片开始发病，逐渐向上发展，严重时叶片枯死。茎染病，多在分支处产生褐色至深褐色椭圆形病斑，稍凹陷，有同心轮纹表面生灰黑霉；即分生孢子梗和分生孢子。果实感病多发生在蒂部附近和有裂缝的地方，病斑褐色或黑褐色，有同心轮纹，稍凹陷，表面长黑霉。

【病原及发病规律】病原为半知菌亚门茄链格孢菌，以菌丝或分生孢子在病残体或种子上越冬，可从气孔、皮孔或表皮直接侵入，形成初侵染，经 2～3 天潜育后出现病斑，3～4 天产出分生孢子，并通过气流、雨水进行多次重复侵染。高温、高湿有利于发病，田间气温 15℃、相对湿度 80％以上开始发病，气温 20～25℃，多雾或连阴雨天，病情发展迅速。连作地，缺肥，植株生长衰弱，栽植过密，田间排水不良发病重。

【防治方法】

（1）选用抗病品种。可选用荷兰5号、粤农2号、强力米寿、苏抗5号、西粉3号、小鸡心等抗病或耐病品种。

（2）种子消毒。用52℃温水浸种30分钟，移入冷水中冷却，后催芽播种。也可将种子在清水中浸4小时后，移入0.5%硫酸铜溶液中浸5分钟，或用福尔马林100倍液浸15分钟，用清水洗净药液后催芽播种。

（3）加强栽培管理。与非茄科蔬菜实行2年以上轮作；低洼地采用高畦种植，降低地下水位；合理密植；及时摘除病叶并携出棚外深埋，合理施肥，雨后及时排水，降低田间湿度，提高植株抗病性；保护地栽培的番茄，做好控温降湿。

（4）药剂防治。发病初期可喷3%农抗120水剂150倍液，或2%武夷霉素200倍液，或1.5%多抗霉素可湿性粉剂500倍液，或10%苯醚甲环唑水分散粒剂1 000倍液，或70%代森锰锌可湿性粉剂500倍液，或75%百菌清可湿性粉剂600倍液，或50%异菌脲可湿性粉剂1 000倍液，或58%甲霜灵锰锌可湿性粉剂500倍液，或64%杀毒矾可湿性粉剂500倍液等，每隔7～10天喷1次，连续喷2～3次。保护地可用5%百菌清粉尘剂每667平方米1千克，也可用45%百菌清或10%腐霉利烟雾剂每667平方米250克。

二、番茄晚疫病

【症　状】为害番茄幼苗、叶、茎和果实，以叶和青果受害最重。苗期发病，叶片上产生淡绿色水浸状病斑，边缘生白色霉层，并向茎部蔓延，使幼茎呈水浸状、缢缩、变黑，植株折倒枯死。成株期发病，病害多从下部叶片的叶尖和叶缘开始，产生圆形至不规则形的暗绿色病斑，后渐变褐，潮湿时周缘生白霉。茎部受害，病部水浸状，稍凹陷，后变褐色，缢缩变细，植株易折断。果实发病，形成油浸状暗绿色病斑，渐变为暗褐色至棕褐色，边缘明显呈云纹状，病部较硬，一般不变软，斑面粗糙，潮湿时长出稀疏白霉。

【病原及发病规律】 致病菌为鞭毛菌亚门疫霉属致病疫霉，只侵染马铃薯和番茄，主要以菌丝体在马铃薯块茎和温室番茄植株上越冬，或以厚垣孢子在落入土中的病株残体内越冬，保护地可在秋、冬季为害，成为春播露地番茄晚疫病的初侵染源。病菌主要靠气流、雨水传播，从气孔或表皮直接侵入，潜育期3～4天病部长出孢子梗和孢子囊，借风雨传播蔓延，进行多次再侵染，病菌发育的最适温度为18～20℃，适宜相对湿度85%以上。多雨低温天气、露水大、早晚多雾病害即有可能流行，偏施氮肥、定植过密、易积水的地块易发病。

【防治方法】

（1）选用抗病品种。如圆红、中蔬4号、中蔬5号、中杂4号、渝红2号等。

（2）加强栽培管理。与非茄科作物实行3年以上轮作，合理密植，选择地势高燥、排灌方便的地块种植，加强通风透光，保护地及时通风；合理施肥灌水。发病初期及时摘除病叶、病果。

（3）药剂防治。发病初期开始喷药，可用40%乙膦铝可湿性粉剂200倍液，或12%松脂酸铜乳油400倍液，或75%百菌清可湿性粉剂500倍液，或72.2%霜霉威水剂800倍液，或58%甲霜灵锰锌可湿性粉剂500倍液，或40%甲霜铜可湿性粉剂700～800倍液，或47%春雷·王铜可湿性粉剂800倍液，或72%霜脲·锰锌可湿性粉剂750倍液，或25%嘧菌酯可湿性粉剂1 500倍液，或50%烯酰吗啉可湿性粉剂2 000倍液等，以上各种药剂可轮换选用，每隔7～10天喷1次，连续喷2～3次。

三、辣椒疫病

【症　状】可为害辣椒的根、茎、叶和果实。辣椒的整个生育期均可发病，以辣椒挂果后最易受害。幼苗期受害，茎基部出现水渍状、暗绿色病斑，病部软腐，致使幼苗倒伏，引起苗期猝倒病。湿度大时病菌及附近的床土上长出白色棉絮状菌丝体。成株茎、枝受害，在茎基部和枝杈处，产生水渍状的暗绿色病斑，逐渐扩大为长条形褐色或黑褐色病斑，病部凹陷、缢缩病斑腐烂绕茎1周后，发病部位以上的叶片枯死。湿度大时病部长出稀疏的白霉。叶片受害，叶片上的病斑呈暗绿色，不规则形水浸状，无明显边缘扩展后叶片萎蔫脱落，果实受害，多由蒂部发病，最初出现暗绿色水浸状病斑、病斑可扩大至全果湿度大时病部长出稀疏的白霉，病果腐烂脱落。

【病原及发病规律】病原是鞭毛菌亚门疫霉属辣椒疫霉，除为害辣椒外还可侵染西瓜、南瓜、番茄、茄子等。以卵孢子和厚垣孢子在土壤中的病残体上或土壤中越冬，条件适宜时，病菌直接侵入或从伤口侵入辣椒幼根或根茎部，产生的孢子囊，借助气流、雨水和灌溉水传播，进行再侵染，孢子囊可直接萌发侵染，也可释放游动孢子侵入寄主。高温、高湿有利于病害的流行，病菌在10～37℃均可生长发育，20～30℃适宜孢子囊的产生，25℃左右适宜游动孢子的产生与侵入。病菌孢子囊和游动孢子的产生与萌发，都与空气湿度和降水量有关，气温25～30℃，相对湿度85%以上，往往发病最重。易积水的菜地，定植过密，通风不良发病重。

【防治方法】

（1）选载抗病品种。如丹椒2号、翠玉甜椒、细线椒、碧玉椒等。

（2）加强管理。应与葱、蒜类，或十字花科蔬菜，或玉米、大豆等作物实行3年以上轮作。加强水肥管理，促进植株健壮生长，提高抗病能力，减少发病。定植前选用25%甲霜灵可湿性粉剂或64%杀毒矾可湿性粉剂500倍液，浸泡辣椒根10～15分钟。发病初期，要及时拔除病株，清理出田外销毁。辣椒收获后，要彻底清理残枝落叶，集中销毁。在管理过程中，要尽量减少人为的机械创伤，避免造成伤口。

（3）药剂防治。发病初期，选用25%甲霜灵可湿性粉剂，或64%杀毒矾可湿性粉剂，或40%甲霜铜可湿性粉剂500倍液，或72.2%霜霉威水剂1 000倍液灌根，每5～7天1次，连续2～3次，也可进行喷雾防治，每隔7～10天喷1次，连喷2～3次。

四、茄子绵疫病

【症　状】茄子绵疫病俗称“烂果”，主要为害果实，近地面果实先发病，初为水渍状圆斑或近圆形，病斑稍凹陷，边缘不明显黄褐色或暗褐色，果肉黑褐色腐烂。湿度大时，病部表面长出茂密的白色棉絮状霉层，迅速扩展并快速腐烂，病果脱落，不脱落的果实失水变干形成瘪果。嫩茎染病产生暗绿色或紫褐色水渍状病斑，叶片萎垂，病部缢缩易折断。叶片受害产生不规则或近圆形水渍状褐色病斑，有明显轮纹，潮湿时病斑处产生稀疏白霉。幼苗被害引起猝倒。

【病原及发病规律】由鞭毛菌亚门茄疫霉侵染所致。病菌主要以卵孢子随病残体在地上越冬，萌发时产生孢子囊，借雨水溅散到果实上产生孢子囊，通过风雨传播。孢子囊萌发时产生游动孢子或直接产生芽管，进行再侵染。病菌发育的最适温度30℃，空气相对湿度在95%以上菌丝体发育良好，高温、高湿有利于病害发展，一般气温25～35℃，相对湿度85%以上，植株表面结露，发病严重。此外，地势低洼、排水不良、土壤黏重、管理粗放、偏施氮肥、过度密植、连茬栽培等，有利于发病。

【防治方法】

(1) 选用抗病品种。如，兴城紫圆茄、贵州冬茄、通选1号、四川墨茄、济南早小长茄、辽茄3号、丰研1号、青选4号等。

(2) 加强栽培管理。重病地可与豆类等非茄科、葫芦科作物进行2～3年轮作；降低土壤和田间湿度；适时整枝，去除下部老叶，改善田间通风透光条件，清除早期发病的病果、病叶，减少再侵染的菌源；合理施肥及时排水；采用地膜覆盖，防止雨水将地面病菌反溅到果实上。

(3) 药剂防治。发病初期及时喷药保护，可选用75%百菌清可湿性粉剂600倍液，或40%乙膦铝可湿性粉剂200倍液，或1∶1∶200波尔多液，或25%甲霜灵可湿性粉剂800倍液，或58%甲霜灵锰锌500倍液，或72%霜脲·锰锌可湿性粉剂800倍液，或72.2%霜霉威水剂500倍液，或50%甲基硫菌灵可湿性粉剂800倍液等，间隔7～10天喷药1次，连续2～3次。重点喷茄子果实。

第二节 枯萎病

一、番茄枯萎病

【症　状】发病初期，从植株下部的叶片开始发黄，逐渐向上蔓延，后叶片变褐萎蔫枯死不脱落。发病常从一侧叶片开始发黄，另一侧正常有的叶片半边发黄，另一半正常。发病后期全株叶片萎蔫枯死。纵剖茎部，维管束变褐。湿度大时茎基部长出粉红色霉状物。

【病原及发病规律】病菌为尖镰孢菌番茄转化型，只为害番茄。病菌以菌丝体和厚垣孢子随病残体越冬，种子也可带菌，病菌还可在土壤中营腐生生活。从寄主根端细胞或伤口侵入，在病茎维管束蔓延，分生孢子萌发产生的菌丝聚集并阻塞导管，使水分不能往上输送，同时，可产有毒物质致使植株叶片失水萎蔫黄枯、维管束变褐，加速植株死亡。病菌通过带菌土壤、流水传播，种子带菌也可远距离传病。病害发生的适宜温度为28℃，低于21℃或超过33℃都不利于病害发生。土壤湿度大发病重，土壤板结，通透性差，酸性土壤、连作地、移栽或中耕时伤根，多根结线虫为害造成伤口，也有利于病害发生。

【防治方法】

（1）选种抗病品种。如满丝、西安大红强丰、强力米寿等。

（2）种子消毒。用0.190%的硫酸铜浸种5分钟，洗净后催芽播种，也可用种子重量0.393的50%福美双可湿性粉剂，或50%克菌丹可湿性粉剂，或50%多菌灵可湿性粉剂拌种。

（3）防止幼苗染病。用无病新土育苗。如用旧床土，要消毒处理（见蔬菜苗期病害）。

（4）加强栽培管理。与非茄科蔬菜实行3～4年的轮作。避免浸漫降低田间湿度，施充分腐熟的有机肥。

（5）药剂防治。发病初期及时拔除病株。可用50%多菌灵可湿性粉剂600倍液，或70%甲基硫菌灵可湿粉剂1 000倍液，或10%混合氨基酸铜水剂200倍液灌根，每株灌100毫升，每7～10天1次，灌3～4次。

二、茄子黄萎病

【症　状】茄子黄萎病又称“半边疯”，一般多在茄坐果后开始表现症状，多由下而上或从一边向全株发展。发病初期叶脉间及叶缘变黄，逐渐发展以至半边叶片或整个叶片变黄，后期叶片由黄变褐，叶缘上卷。发病初期，病株在晴天中午呈萎蔫状，早晚尚能恢复，最终导致萎蔫。严重时，病株叶片变褐萎垂以至脱光只剩下茎，多数表现为全株病害。纵切病株根、茎、分枝及叶柄，可见维管束变黑褐色，但挤捏病部横切面，无乳白色浑浊液渗出，别于青枯病。

【病原及发病规律】病原是半知菌亚门轮支菌属，以菌丝体、菌核和厚垣孢子随病残体在土壤中越冬，可在土壤中存活多年，病菌也可以分生孢子和菌丝体在种子内外越冬，翌年可通过根部伤口，幼根表皮或根毛直接侵入，首先在维管束繁殖，再蔓延至茎枝和果实。病菌在田间通过气流、灌溉水、农事操作等传播。温暖、高湿有利于该病害的流行，发病适温为20～25℃，气温在28℃以上病害受到抑制。在此温度范围内，湿度越高，发病越严重。从茄子始花期至盛果期，若雨水多或地势低洼，田间积水，或浇水后遇骤晴天气，造成土壤干裂伤根，或土质黏重，连作地，地温偏低，地下害虫为害等，均有利于病害的发生和发展。

【防治方法】

（1）选用抗病品种和种子处理。一般早熟、耐低温的品种抗黄萎病能力强，如齐茄1号、吉茄1号、辽茄1号、长茄1号、黑又亮、海茄、羊角茄、紫茄等。从无病株上采集种子。对有带菌嫌疑的种子进行消毒处理。消毒可用50％多菌灵可湿性粉剂500倍液浸种2小时，或用80％福美双或50％克菌丹可湿性粉剂拌种，药量为种子重量的0.2％。也可用55℃温水浸种15分钟。

（2）加强栽培管理。与葱、蒜等非茄科作物实行3～4年轮作，或改种一年水稻，防病效果明显。

用托鲁巴姆、毛粉802等材料做砧木，栽培茄做接穗嫁接，防病效果较好。合理施肥增强植株的抗病性定植时不伤根，发现病株及时拔除，收获后彻底清除田间病株残体。

（3）药剂防治。苗床整平后，每平方米用50％多菌灵可湿性粉剂5克，拌细土撒施于畦面，再播种。

定植时，每667平方米用50％多菌灵可湿性粉剂1千克加

40～60千克细土拌匀后穴施。发病初期可选用50%多菌灵可湿性粉剂500倍液，50%甲基硫菌灵可湿性粉剂500倍液等进行灌根，每株灌药液500毫升，每隔10天左右灌1次，连灌2～3次。

三、番茄青枯病

【症　状】番茄青枯病又称细菌性枯萎病，苗期不表现症状，通常在植株开花坐果时发生，先是顶端叶片萎蔫下垂，然后下部叶片萎蔫，中部叶片最后萎蔫，也有一侧叶片或整株叶片同时萎蔫的。发病初期，病株白天萎蔫，傍晚恢复。从发病开始到整株死亡，一般3～5天，若大雨潮湿的天气7～8天枯死后仍保持青绿色，所以称为青枯病。病株茎部下端表皮粗糙，常长有不定根。天气潮湿时，病茎上可出现初呈水渍状后变褐色的1～2厘米斑块。横切病茎，可见维管束变褐色，用手挤压，流出乳白色菌液，即菌脓。

【病原及发病规律】由细菌青枯劳尔代菌侵染引起。该菌还可为害茄子、辣椒、马铃薯、萝卜等作物。病菌主要随病株残体落入土壤里越冬，从根部和茎基部的伤口侵入，沿导蔓向上蔓延破坏了导管输水功能，植株因缺水萎蔫。田间病菌主要通过雨水、灌溉水、农具等传播。病菌适于微酸性土壤。土壤含水量达到25%时，有利于病原侵入，土温20℃病菌开始活动，25℃活动最盛，田间可出现发病高峰。一般连阴雨后天气转晴，土温随气温急剧回升，常引起病害流行。茄科作物连作、地势低洼、排水不良、植株出现伤口等，也是发病的重要条件。

【防治方法】

（1）选用抗耐病品种。如新世纪908、抗青19、湘番茄1号、湘番茄2号、秋星、穗丰番茄等。

（2）加强栽培管理。与瓜类、葱蒜类或禾本科作物实行4年以上的轮作；选择无病地育苗，带土移栽，减少根部受伤；高畦栽培，避免大水漫灌；采用配方施肥技术，基肥施充分腐熟的有机肥或草木灰，改变微生物群落。每667平方米施石灰100～150千克，调节土壤酸碱度为微碱性；适当增施钾肥，提高植株抗病力；发现病株立即拔除烧毁，并撒生石灰消毒，采收后，将病残体集中烧毁。

（3）药剂防治。发病初期可选用72%农用硫酸链霉素可溶性粉剂4 000倍液，或3%中生菌素可湿性粉剂800倍液，或“农抗401”500倍液，或25%络氨铜水剂500倍液，或77%氢氧化铜可湿性粉剂400～500倍液等药剂灌根，每株灌药液300～500毫升，每隔10天灌1次，连续灌2～3次。

四、茄子青枯病

【症　状】初花期即开始出现病株。初期个别枝条的叶片或半张叶片正常、半张叶片呈现萎蔫，后逐渐扩展至整株枝条，初呈淡绿色不变黄，直到后期才整株叶片变褐枯焦，病叶脱落或残留在枝条上，病株茎部表面无明显的症状，但剥开茎部皮层可见木质部呈褐色。这种变色从根颈部起一直可以延伸到上面枝条的木质部，枝条的髓部大多腐烂空心，用手挤压病茎的横切面，有乳白色的黏液渗出。

【病原及发病规律】由细菌青枯劳尔氏菌侵染所致。病原细菌主要随病残体在土中越冬，在病残体上能营腐生生活，即使没有适当寄主，也能在土壤中存活14个月乃至更长的时间。病菌随雨水、灌溉水及农具等传播，从寄主的根部或茎基部的伤口侵入。侵入后在维管束的导管内繁殖，并沿导管向上蔓延，导致变褐腐烂，整个输导器官被破坏后，茎、叶因得不到水分的供应而萎蔫。土温20℃时，病菌开始活动，零星病株出现。土温25℃是植株发病的高峰，雨水多、湿度大也是发病的重要条件，地势低洼、连作、酸性土壤、根系损伤等是影响发病的因素。

【防治方法】

（1）加强栽培管理。与葱蒜类作物实行 4 年以上轮作，最好进行水旱轮作；结合整地，667 平方米施熟石灰 100～150 千克，与土壤充分混匀后定植茄苗；灌溉要勤浇小水，防止大水漫灌；施足基肥，施用充分腐熟的有机肥；及时拔除病株，防止病害蔓延，在病穴上撒少许石灰防止病菌扩散。

（2）药剂防治。发病初期用药，可选用 72%农用硫酸链霉素可溶性粉剂4 000倍液，或“农抗 401”500 倍液，或 77%氢氧化铜可湿性粉剂 500 倍液，或 50%琥胶肥酸铜（DT）可湿性粉剂 500 倍液或 14%络氨铜水剂 300 倍液，每株灌药液 0.3～0.5 升，每隔 10 天 1 次，共灌 3～4 次。

第三节　霉病等其他病害

一、番茄叶霉病

【症　状】主要发生在温室和塑料大棚中。这种病仅发生在番茄上，主要为害叶片，也能为害茎、花和果实。叶片受害，最初在叶背面出现椭圆形或不规则形的淡绿色或浅黄色的褪绿斑，后在病斑上长出灰白色渐转灰紫色至黑褐色的霉层，叶片正面病斑呈淡黄色，边缘不明显，一般病株下部叶片先发病，后逐渐向上蔓延，发病严重时病斑密集干枯卷曲。嫩茎及果柄上的病斑与上述相似，并可蔓延至花，引起花器凋萎或幼果脱落；果实受害，常在蒂部或果面产生近圆形硬化的凹陷斑，并可扩大至果面的 1/3 左右，不能食用。

【病原及发病规律】该病由半知菌亚门枝孢属黄枝孢菌侵染所致。病菌以菌丝体或菌丝块在病残体内越冬，也可附着于种子表面或潜伏于种皮内越冬，翌年产生分生孢子，通过气流传播，引起初侵染。播种带病的种子也可引起田间初次发病。田间发病后，在适宜的环境条件下会产生大量的分生孢子，造成再侵染。病菌孢子萌发后，从寄主叶背的气孔侵入，也可以从萼片、花梗的气孔侵入，并能进入子房，潜伏在种皮上。病菌发育的温度在9～34℃，最适温度为20～25℃。湿度是影响发病的主要因素，温度适合的条件下相对湿度在90%以上，从开始发病到普遍发生只需要半个月左右。温室和大棚内空气流通不良、湿度过大，光照弱发病严重。

【防治方法】

（1）选用抗病品种及种子处理。从无病株上选留种子。若种子有带菌嫌疑，可用52℃温汤浸种30分钟，晾干后催芽播种。选用双抗2号、抗病粉佳、佳红、沈粉3号等较为抗病。

（2）加强管理。番茄应与其他蔬菜如瓜类、豆类等实行3年以上轮作；在温室和大棚内种植的番茄，应适当控制浇水，加强通风，以降低温、湿度；连年发病严重的温室，在番茄定植前应进行消毒处理；露地番茄，不宜种植过密，并适当增施磷、钾肥，以提高植株的抗病力及时摘除早期发病的病叶。

（3）药剂防治。发病初期喷药，药剂可用70%甲基硫菌灵可湿性粉剂1 000倍液，或50%多菌灵可湿性粉剂800～1 000倍液，或70%代森锰锌可湿性粉剂1 000倍液，75%百菌清可湿性粉剂600～800倍液，或波尔多液（1∶1∶200～250），每隔7～10天喷1次，连续2～3次，喷药要着重喷洒叶片背面。温室、大棚可用45%百菌清烟剂每667平方米250克，5%百菌清粉尘剂每667平方米1千克熏蒸。

二、番茄灰霉病

【症　状】该病是大棚、温室的重要病害，主要为害花器、果实，也为害叶片、茎和幼苗。果实染病青果受害重，往往残留的柱头或花瓣先被侵染，后向果面或果蒂扩展，致使果皮呈灰白色软腐，病部长出大量灰色霉层，即病原菌的分生孢子和分生孢子梗，果实失水后僵化。叶片染病多始自叶尖，病斑呈“V”字形向内扩展，初水渍状、浅褐色、边缘不规则、具深浅相间轮纹，湿度大时表面生灰霉。茎染病，开始呈水渍状小点，后扩展为长椭圆形或长条形斑，浅褐色；湿度大时病斑上长出灰褐色霉层，严重时引起病部以上枯死。

【病原及发病规律】由半知菌亚门灰葡萄孢菌引起，其寄主范围较广，主要以菌核在土壤中或以菌丝及分生孢子在病残体上越冬或越夏，翌春条件适宜，菌核萌发，产生分生孢子梗及分生孢子，分生孢子借气流、雨水及农事操作传播，蘸花是人为传播途径，从寄主伤口或衰老的器官及枯死的组织上侵入，花期是侵染高峰期，后在病部又产生分生孢子，进行再侵染。病害发生与流行和温度、湿度有关，病菌在2～31℃内都可发育，其最适温度为20℃左右。高湿是诱发该病的先决条件。此外栽植密度过大，早春多雨潮湿，生长期低温受冻植株抗病力降低，保护地湿度过大，结露严重有利于发病。

【防治方法】

（1）加强栽培管理。用新土育苗，培育壮苗，合理密植施肥。调节好棚、室的温湿度，加强通风透光；浇灌后即时排水，降低田间湿度。发病初期要及时摘除病花、病果，减少再侵染菌源。

（2）药剂防治。①使用蘸花剂蘸花时，加入0.3%的50%腐霉利或异菌脲可湿性粉剂，可较好地防治灰霉病。②保护地在早春多雨季节，每667平方米可以施10%腐霉利烟剂350克熏蒸，或50%百菌清粉尘剂1 000克，每7～10天喷1次，连续3～4次。③发病初期可用50%腐霉利可湿性粉剂800倍液，连续3～4次喷洒。

(3) 生态防治。保护地番茄采用变温处理，即晴天上午放风，使棚温迅速升高，至33℃开始放风，31℃以上高温可减缓该菌孢子萌发速度，推迟产孢，降低产孢量。当棚温降至25℃以上，中午继续放风，使下午棚温保持在25～20℃，棚温降至20℃关闭通风口，夜间棚温保持在15～17℃，阴天白天打开通风口换气。

三、辣椒炭疽病

【症　状】 主要为害成熟果实及老叶，果实受害，病斑为褐色，水渍状的长圆形或不规则形。凹陷、有稍隆起的同心环纹，其上密生黑色小点，潮湿时周缘有湿润性的变色圈，干燥时病斑似羊皮纸状易破裂。叶片上病斑初呈绿水渍状斑点，逐渐变成褐色，圆形，中间白色，上生黑色小点，即病菌分子孢子盘，排成轮纹状。潮湿条件下，溢出粉红色黏质物。有的病果病斑上着生橙红色小点呈同心环状排列，潮湿条件下，整个病斑表现溢出淡红色黏质物。

【病原及发病规律】 病原为真菌半知菌亚门的刺盘孢属。病菌以菌丝体及分生孢子盘随病残体遗落在土中，或以菌丝体潜伏在种子内或以分生孢子附在种子上越冬。分生孢子靠雨水溅散和昆虫传播，从伤口侵入致病，并在田间反复侵染。病菌生长的温度为12～33℃，最适温度27℃，空气相对湿度在95%以上，高温多湿、排水不良、种植密度过大、人为损伤、偏施氮肥会加重发病，果实越成熟越易发病。日灼病的果实发病严重。

【防治方法】

(1) 选用抗病品种。甜椒品种有长丰、茄椒1号、早丰1号、九椒1号、皖椒1号、吉农方椒；辣椒有早杂2号、中子粒等。

(2) 采种和种子处理。从无病株上采集种子。播种前用52℃温水浸种12分钟，取出后清水冷却，催芽播种，或用种子重量

0.3%福美双或50%克菌丹可湿性粉剂拌种进行种子消毒。

（3）加强栽培管理。与瓜类、豆类蔬菜进行2～3年轮作；选择地势高、干燥、排灌良好的地块种植；果实采收后彻底消除病残体，生长期及时除去病叶和病果，避免栽植过密；防止果实日灼，合理施肥灌溉。提高植株抗病力。

（4）药剂防治。发病初期用45%脒鲜胺乳油1 500～3 000倍液，或75%百菌清可湿性粉剂600倍液，或70%甲基硫菌灵可湿性粉剂800倍液，或70%代森锰锌可湿性粉剂500倍液，或50%福美双可湿性粉剂500倍液，每隔7～10天喷1次，连喷2～3次。

四、番茄病毒病

【症　状】病毒病常见有花叶、蕨叶、条斑、混合侵染4种类型。以花叶型发病率最高，蕨叶型次之，条斑型较少，而危害程度以条斑型、混合型最严重，甚至造成绝收，蕨叶型居中，花叶型较轻。

（1）花叶型。主要有两种症状，一种是叶片上有轻微的花叶或略显斑驳，叶片不变形，植株不矮化、对产量的影响不大明显。另一种有明显的花叶，新叶变小细长、狭窄、扭曲、畸形，下部叶片多卷成筒状，植株矮小，落蕾落花严重，果实变小，表面呈花脸状，品质差，对产量影响较大。

（2）蕨叶型。发病初期顶芽幼叶细长，展开比健叶慢，常呈螺旋状下卷，叶片狭小，叶肉组织退化，甚至仅存中脉。病株明显矮缩，下部叶的叶缘上卷，严重者成筒状。中部叶微卷，上部叶细小成蕨叶状，叶背叶脉为淡紫色，叶肉色淡。整株腋芽发出的侧枝上的叶片小，蕨叶状，上部节间缩短呈丛枝状。

（3）条斑型。有的先从叶片开始发病，叶脉出现黑色油渍状坏死条斑，然后顺叶柄蔓延至茎。在茎上，初期表现为暗绿色凹陷的短条纹，后期变为深褐色凹陷的坏死斑。果实上产生不同形状的油渍状，褐色凹陷坏死斑块，并且这种褐色斑块只发生于表皮组织上。

（4）混合型。症状与上述条斑型相似，但受害果实的症状与条斑型不同。混合型果实的斑块小，且不凹陷。

【病原及发病规律】由多种病毒侵染所致，主要有烟草花叶病毒（TMV）和黄瓜花叶病毒（CMV）。两种病毒寄主范围很广，很多栽培作物和多种杂草都可侵染。烟草花叶病毒在遗留土壤里的病株残体上和越冬寄主上越冬，种子上附着的果肉茸也带毒，在干燥的烟叶上可存活 30 年以上。黄瓜花叶病毒主要在野生寄主宿根上和栽培寄主上越冬，成为翌年初侵染源。在植株生长期间，烟草花叶病毒由汁液接触传染，主要通过农事操作中的工具和手传播，从寄主伤口侵入。黄瓜花叶病毒在田间主要靠蚜虫和汁液接触传播。高温干旱、蚜虫多、发病重、土壤贫瘠或氮肥过多、地势低洼、排水不良，均有利于番茄病毒病的发生。

【防治方法】

（1）选栽抗病品种。中蔬 4 号、中蔬 5 号、中蔬 6 号、中杂 4 号、佳粉 1 号、佳粉 2 号、佳粉 10 号、毛粉 802、满丝、小鸡心等品种，可因地制宜地选种。

（2）种子消毒。种子用清水浸泡 3～4 小时，再用 10%磷酸三钠溶液浸种 20～30 分钟，或 0.1%高锰酸钾溶液浸种 30 分钟水洗后浸种催芽，可除去附着在种子表面的病毒。

（3）加强栽培管理。深耕及轮作；适时播种，培育壮苗；严格挑选健壮无病苗移植；加强肥水管理，提高植株抗病力。田间操作时不要吸烟，吸烟后和接触病株后手要用肥皂和去污粉洗干净，及时防治蚜虫。

（4）使用增抗剂或钝化剂。发病初喷 20%盐酸吗啉胍铜可湿性粉剂 600 倍液，或 1.5%植病灵等乳油 1 000 倍液。最好在上述药液中加入喷丙硫多菌磷 5 000 倍液和复硝酚钠 6 000 倍液等植物生长促进剂加快植株生长，提高抗病力，抑制效果更好。

五、辣（甜）椒病毒病

【症　状】辣椒病毒病常见症状有花叶、黄化、坏死和畸形蕨叶等几种。

（1）花叶症。叶脉初呈现轻微褪绿，或呈浓、淡相间的斑驳症状，病株无明显畸形或矮化，不造成落叶。严重花叶症表现凹凸不平，叶脉皱缩畸形，或形成线形叶片，生长缓慢，果实变小，严重矮化。

（2）黄化症。病叶明显变黄，有的还出现褐色坏死斑，病叶易落。

（3）坏死症。病株部分组织变褐坏死，表现为条斑、顶枯、坏死斑驳和环斑等。

（4）畸形症。有的病株上部叶片部分或全部变成线状，中、下部叶片向上微卷、花变大，植株不同程度矮化。有的病株茎节缩短，分枝异常增多，呈丛枝状，植株矮小。

【病原及发病规律】辣（甜）椒病毒病主要由黄瓜花叶病毒（CMV）和烟草花叶病毒（TMV）引起，黄瓜花叶病毒的寄主很广，其中包括许多蔬菜作物和杂草，主要由蚜虫传播也可汁液接触传播。烟草花叶病毒可在干燥的病株残枝内长期生存，经由汁液接触传播侵染。通常高温干旱蚜虫严重为害时，黄瓜花叶病毒为害也严重，多年连作，低洼地，缺肥或施用未腐熟的有机肥，均可加重烟草花叶病毒的为害。

【防治方法】

（1）选栽抗病品种。选用中椒 2 号、甜杂 2 号、双丰、中椒 4 号、早丰 1 号、苏椒 2 号、苏椒 3 号、农发等抗病品种。

（2）其他防治方法。见番茄病毒病防治方法。

第六章　豆、葱蒜、韭菜类蔬菜病害及防治

第一节　豆类蔬菜病害及防治

一、真菌性病害

1. 菜豆炭疽病

【症　状】该病从幼苗至成株期均可发生。幼苗染病子叶上出现褐色的圆形病斑，凹陷成溃疡状。叶片上的病斑多发生在叶脉上，并沿叶脉扩展为多角形条斑，由红褐色变为黑褐色。叶柄受害后，叶片萎蔫。豆荚染病，形成圆形病斑边缘隆起中心凹陷，边缘有深红色晕圈，并能侵染种子。

【发病规律】病害是由半知菌亚门豆刺盘孢菌侵染引起的。病斑上出现的黑褐色斑点是病菌的分生孢子盘、分生孢子和黑褐色刚毛。病菌以休眠菌丝潜伏在种皮下越冬，成为翌年的初侵染源，休眠菌丝可存活 2 年。菜豆播种后，病菌可直接为害子叶和幼茎，受害部长出分生孢子可进行再侵染，分生孢子借气流、灌溉水和昆虫等传播为害。

发病的适宜温度在 20℃左右，最适宜的相对湿度在 95%以上。温度超过 27℃、相对湿度低于 92%时，病害很少发生；在低温、多雨、结露的气候条件下发病较重，在大棚、温室通风不良、种植过密的条件下发病严重。

2. 菜豆锈病

【症　状】锈病一般在生长后期发生，主要为害叶片。发病

初期出现褪绿的小黄斑，后中央突起，出现黄色的夏孢子堆，表皮破裂后散出红褐色的夏孢子。豆荚染病形成疱斑，后期产生褐色的冬孢子堆和冬孢子。

【发病规律】病原菌属担子菌亚门菜豆担孢锈菌。夏孢子卵圆形，橘黄色。冬孢子褐色。病菌以冬孢子随病残体在土壤中越冬，成为翌年的初侵染源。冬孢子萌发时产生菌丝和小孢子，小孢子侵入寄主。病斑上产生的夏孢子萌发产生芽管，从气孔侵入形成夏孢子堆。夏孢子借气流传播，不断侵染为害。菜豆进入开花期，气温在20℃左右、高湿和结露时间长，病害易流行；高温高湿、通风不良的大棚或温室易发病。

3. 菜豆灰霉病

【症　状】苗期和成株期均可侵染。茎、叶、花和豆荚受侵时病部出现淡黄色病斑，湿度大时病斑上长出灰霉，有时病菌从茎蔓的分支处侵入，形成水浸状凹陷的病斑，然后萎蔫。苗期子叶受害后变软下垂，叶片受害后形成较大的轮纹斑，后期破裂；荚果受害后从落败的花开始发病，然后扩展至荚果，病斑淡褐色，软腐，表面长出灰霉，此为病菌的分生孢子梗和分生孢子。

【发病规律】灰霉病是由半知菌亚门灰葡萄孢真菌侵染引起的，以菌丝、菌核和分生孢子在病残体上越冬或越夏，越冬的病菌以菌丝在病残体上营腐生生活，不断长出分生孢子进行再侵染，不利的条件下，病菌可产生大量抗逆力强的菌核，能在田间长时间存活，遇到合适的条件即可长出菌丝和分生孢子，借雨水、气流和工具传播，分生孢子可直接侵入叶片及幼嫩组织。菌丝生长在4～32℃范围，最适温度是13～21℃，高于21℃病菌生长随温度升高而减少。该菌产孢需要较高湿度；病菌孢子萌发温度5～30℃，空气相对湿度在95%以上。因此，通常把灰霉病称为低温高湿的病害。

4. 菜豆菌核病

【症　状】近地面基部或第一分支处开始受害，初为水浸状，后变为灰白色，表皮开裂呈纤维状，可使全株萎蔫死亡，后期基部组织中可见鼠粪状菌核，有时茎表面也可见黑色菌核。

【发病规律】菌核病是由子囊菌亚门的核盘菌引起，寄主除菜豆外，还有黄瓜、番茄等蔬菜。病菌以菌核在病残体、粪肥或附着在种子表皮越冬，在适宜条件下萌发并产生子囊盘，子囊成熟后射出的子囊孢子随气流传播。病害在冷凉、潮湿的条件下适宜发病，发病适温 5～20℃。病菌必须先在开败的花上取得营养后，才能侵染健康组织。

5. 菜豆枯萎病

【症　状】菜豆受害后，嫩叶萎蔫，变为褐色，病叶的叶脉呈褐色，或临近叶脉组织变黄，全叶逐渐枯黄、脱落。病株根系不能正常发育，侧根减少，很容易拔起。发病中后期，剖开茎可见维管束变成褐色，由于病情不同，颜色呈黄色至黑褐色。结荚显著减少，豆荚背部及腹缝合线也逐渐变为黄褐色。进入花期后，病叶大量枯死。

【发病规律】病害是由半知菌亚门镰孢属真菌侵染引起的。病菌以菌丝、厚垣孢子和菌核在病残株、土壤和肥料中越冬，翌年侵染发病。病菌离开寄主可存活 3 年以上。病菌还可以附着在种子上越冬，并成为远距离传播的主要途径。病菌通过根部伤口或根毛顶端细胞侵入，在寄主导管内发育，并随水分迅速传到植株的顶端。病菌的繁殖可堵塞导管，引起植株萎蔫。病害靠孢子随灌水进行短距离传播。病害的发生与温度、湿度的关系较为密切。发病的最适温度为 24～28℃，空气相对湿度 80%。棚室内管理粗放、重茬连作的地块发病重。

二、病毒病害

1. 菜豆花叶病

【症　状】菜豆苗期感染病毒，可出现明脉，叶片呈淡绿色斑驳或凸凹不平、叶皱缩；有的品种植株矮小，叶片扭曲畸形，开花推迟或落花；豆荚略短并出现绿色斑点。

【发病规律】菜豆花叶病由多种毒源侵染而引起，主要有菜豆普通花叶病毒、菜豆黄花叶病毒、黄瓜花叶病毒菜豆系以及烟草花叶病毒等。由菜豆普通花叶病毒引起的花叶病主要靠种子传毒，也可以通过蚜虫传毒；菜豆黄花叶病毒和黄瓜花叶病毒菜豆系的初侵染源主要来自越冬寄主，露地菜豆也可通过蚜虫传播。菜豆花叶病受环境条件影响较大，尤其受气温影响，当气温在26℃以上高温时，表现重型花叶，叶片卷曲，植株矮小。气温低于18℃时，只出现轻微花叶或不显症状；20～25℃利于显症，光照时间长或强度大时，症状尤为明显；土壤缺肥，植株生长期干旱时发病较重。

2. 豇豆病毒病

【症　状】该病在各地均有分布，是豇豆的重要病害之一。秋豇豆受害较重，近年来病情有进一步发展的趋势。该病除为害豇豆外，菜豆、扁豆、豌豆、大豆、烟草、三叶草、紫苜蓿等也可发病。发病初期，嫩叶上常出现花叶、明脉、褪绿和畸形等现象。新生叶片的浓绿部分稍突起，成为疣状。有些病株产生褐色凹陷条斑，叶肉或叶脉坏死。发病严重时，病株矮化，花器变形，结荚减少，豆粒产生黄绿花斑。有些病株生长点枯死，或个别叶鞘坏死。

【发病规律】豇豆病毒病有多种毒源，重要的有豇豆花叶病毒、豇豆坏死花叶病毒、豇豆蔓顶坏死病毒及豇豆斑驳坏死病毒等，田间发病多是两种以上病毒复合侵染。病毒在保护地栽培的豆科蔬菜上越冬，田间越冬的宿根寄主植物上，以及土壤中的病株残体里越冬，成为翌年的初侵病原。

以蚜虫（爪蚜、豆蚜、桃蚜）、叶蝉等媒介昆虫为主，也可以种子带毒远距离传播，如豇豆花叶病毒种子带毒率高达 17% 左右。

田间汁液接触是重要的侵染方式，还具有传毒作用。因此，夏秋季节干旱、苗期缺水，蚜虫数量大以及多年重茬连作，都是病毒病发生的重要条件。

三、细菌性病害

菜豆细菌性疫病

【症　状】菜豆细菌性疫病又叫火烧病、叶烧病，以夏播菜豆发病最为普遍且严重，该病菌除为害菜豆外，还可为害豇豆、扁豆、绿豆和小豆。主要为害叶片、茎蔓和豆荚。叶片受害，先从叶尖或叶缘处开始发病，形成暗绿色油浸状小斑点，逐渐扩大成不规则形的深褐色病斑，周围有黄色晕圈，病斑扩大相互融合连片，融合的病斑引起叶片干枯，如火烧状。病处脆硬易干裂。潮湿条件下，病处可溢出淡黄色菌脓。嫩叶染病扭曲变形，容易脱落。茎蔓染病，开始形成油浸状病斑，后发展成圆形病斑，中间凹陷，病斑绕茎一周后，上部茎叶萎蔫后枯死。豆荚染病荚上生出褐色圆形病斑，中央凹陷，严重受害的豆荚皱缩，种子染病可产生黑色或黄色凹陷病斑。

【发病规律】病害是由黄单胞杆菌侵染引起的。病菌主要在种子内越冬，也可在棚室内越冬。种子内的病菌可存活 2～3 年。病残体在土壤中腐烂后，病菌随即死亡。带病种子萌发后，病菌为害子叶和生长点，产生的菌脓借气流、灌溉水和昆虫传播，病菌从水孔、气孔及伤口等处侵入。子叶发病后有时不产生菌脓，而在寄主的输导组织内扩展，以后迅速蔓延到植株各部。

四、主要防治措施

1. 真菌性病害防治方法

【农业防治】选用抗病品种，彻底清除前茬枯枝落叶等残体，加强栽培管理。采用高垄栽培，施用腐熟农家肥，增施磷钾肥；雨后及时中耕，增加土壤透气性。

【化学防治】防治炭疽病、锈病用10％苯醚甲环唑水分散粒剂1 500倍液，或25％嘧菌酯悬浮剂1 500倍液，或80％代森锰锌可湿性粉剂500倍液，或40％氟硅唑乳油8 000倍液，或75％百菌清可湿性粉剂600倍液喷雾。

防治菜豆灰霉病、菌核病可用50％乙霉·多菌灵可湿性粉剂800～1 000倍液，或40％嘧霉胺悬浮剂1 200～1 500倍液，或50％乙烯菌核利水分散粒剂800～1 000倍液。

防治枯萎病参见黄瓜枯萎病的防治方法。

2. 病毒病害防治方法

参见茄果类蔬菜病毒病害防治方法。

3. 细菌病害防治方法

参见茄果类蔬菜细菌病害防治方法。

第二节　葱蒜类蔬菜病虫害及防治

一、大葱锈病

【为害诊断】主要为害叶、花梗及绿色茎部。发病初期表皮上产生椭圆形、稍隆起的橙黄色疱斑，后表皮破裂向外翻，散出橙黄色粉末，Bp夏孢子堆及夏孢子。秋后疱斑变为黑褐色，破裂时散出暗褐色粉末，即冬孢子堆和冬孢子。病情严重时，病斑布满整个叶片，失去食用价值。

【发病规律】南方以橙黄色的粉末（夏孢子）在葱、蒜或韭菜上辗转为害，或在活体上过冬。次年夏孢子随气流传播进行初侵染和再侵染。当夏孢子飘落在葱叶上以后，夏孢子即萌发，从寄主气孔或表皮侵入。萌发适温 9～18℃，高于 24℃孢子萌发率明显下降，潜育期 10 天左右。一般在气温偏低或肥料不足、生长不良的田块发病重。

【防治方法】

（1）农业防治。实行与非百合科蔬菜轮作；施足有机肥，增施磷、钾肥，提高抗病力；高畦栽培，降低田间湿度；及时清洁田园，减少病菌的传播。

（2）化学防治。发病初期喷洒 40%福星乳油 8 000～10 000 倍液，喷施后数小时就能渗入植株体内。药剂的再分布性强，耐雨水冲刷，可在田间初发现病害时，立即用福星喷施，一般用药 1～2 次之后即能控制病害的扩展。或用 20%三唑酮乳剂 2 000 倍液，或 15%三唑酮可湿性粉剂 1 500 倍液，或 50%萎锈灵乳油 700～800 倍液，或 25%敌力脱乳油 3 000 倍液，或 75%灭锈胺可湿性粉剂 1 000 倍液，或 12.5%速保利 4 000 倍液等药剂喷雾。在发病初期喷施，隔 7～10 天再喷施 1 次，共喷 2～3 次。

二、大葱紫斑病

【为害诊断】主要为害叶和花梗。初呈水渍状白色小点，后变淡褐色圆形或纺锤形稍凹陷斑，继续扩大呈褐色或暗紫色，周围常具黄色晕圈，病斑上长出深褐色或黑灰色同心轮纹状霉。若病斑继续扩大，可使全叶变枯黄或折断。若留种田的花梗上发病，可使种子皱瘪，不能充分成熟，影响发芽率。病斑上的黑色霉状物，即病菌分生孢子梗和分生孢子。

【发病规律】南方病菌以分生孢子在葱类植物上辗转为害，北方寒冷地区则以菌丝体在寄主植株体内或随病残体越冬。翌年条件适宜时产出分生孢子，借气流或雨水传播。经气孔、伤口或直接穿透表皮侵入。潜育期1～4天。发病的适宜温度25～27℃，若低于12℃则不发病。病菌产孢需高湿度，孢子萌发和侵入需有水滴存在，因此，病害能否发生与流行取决于当年的雨日、雨量和寄主生长状况。一般在温暖多湿的条件下发病重。此外，若基肥不足、沙性土、老苗田、连作地、长势差、管理粗放和受葱蓟马为害重的田块发病也重。

【防治方法】

（1）农业措施。实行与非百合科蔬菜2年以上的轮作。选用无病种子，必要时种子用40%甲醛300倍液浸3小时，浸后及时洗净。鳞茎可用40～45℃温水浸1.5小时消毒。

（2）加强培育管理。选用较抗病品种，如紫皮洋葱较抗病，白皮品种较感病；抓好田间排水工作，发病后适当控制浇水；多施底肥，增施磷、钾肥；及时治虫，促使植株生长健壮，增强植株的抗病能力。收获后及时做好清园工作，集中病残体烧毁或者沤肥。

（3）化学防治。发病初期喷施50%扑海因可湿性粉剂1 500倍液或80%大生可湿性粉剂600倍液，或72%克露（或霜霸）粉剂600倍液，或64%杀毒矾粉剂500倍液，或40%大富丹可湿性粉剂500倍液，或75%百菌清可湿性粉剂500～600倍液，或58%甲霜灵·锰锌可湿性粉剂500倍液。隔7～10天再喷1次，根据当时的气候情况决定喷药的次数，若阴雨连绵应适当增加喷药的次数。

（4）适期收获。适时收获，低温贮藏，防止病害在贮藏期继续蔓延。尤其是洋葱，应掌握在葱头顶部成熟时收获。收后适当晾晒至鳞茎外部干燥后入窖，窖温控制在0℃，相对湿度65%以下。

三、葱软腐病

【为害诊断】在大葱或圆葱生长后期，植株外部的1～2片叶片基部产生半透明灰白色斑，叶鞘基部软化腐烂，致使外叶折倒，并继续向内扩展，使整株葱呈水渍状软腐，并伴有恶臭。此病为细菌侵染所致。

【发病规律】葱软腐病菌可在感病葱及其他蔬菜上越冬，也能在土壤中腐生，通过未腐熟的肥料及雨水和灌溉水传播蔓延，通过伤口侵入。种蝇、韭蛆及蛴螬等地下害虫为害重的地块均易引发该病的发生。低洼、连作地或植株徒长易发病。

【防治方法】

（1）农业措施。培育壮苗，适时移栽；施足基肥，增施磷、钾肥，提高植株的抗逆能力。应选晴天适时收获，防止鳞茎带土，避免贮运期病害发生。

（2）及时防治蓟马、蝇等害虫。

（3）化学防治。可选用20％龙克菌可湿性粉剂500倍液或12％绿乳铜乳油500倍液，或77％可杀得可湿性粉剂500～600倍液，或5％菌毒清乳剂300倍液，或50％琥胶肥酸铜可湿性粉剂500倍液，或14％络氨铜水剂300倍液，或72％农用链霉素可溶性粉剂4 000倍液，或新植霉素4 000～5 000倍液。在发病初期喷施，隔5～7天再喷施1次。喷药时应注重对植株基部喷施。

四、葱霜霉病

【为害诊断】寄主在南方以洋葱为主，在北方以大葱为主，主要为害叶、花梗，有时发展到鳞茎。初期在叶上产生黄白色或乳黄色的病斑，呈纺锤形或椭圆形，其上产生白霉，后变暗紫色。若在叶的中、下部感病，则在感病部的上部叶干枯死亡；若在葱的基部感染，能使病株矮缩，叶畸形或扭曲，湿度大时病部长出大量白霉。

【发病规律】 病菌主要以卵孢子在感病植株、种子和土壤中越冬。第二年春季病菌孢子从叶的气孔侵入。发病的最适温度为13～18℃。在湿度大的条件下，病斑上产生孢子囊，依靠风、雨和昆虫等进行传播。一般在地势低洼、排水不良或连作地发病重。连阴雨和早、晚浓雾的天气条件易致该病的大发生。

【防治方法】

（1）选栽抗病品种。红皮洋葱品种抗病，其次为黄皮，而白皮品种感病；从无病田或无病株上采种，或用50℃温水浸种25分钟，再移入冷水中冷却后播种或用种子重量0.3%的25%瑞毒霉拌种。

（2）栽培管理。选择地势高燥或排水方便的地块种植，与非葱类作物实行2～3年轮作；清洁田园，将病株、叶清除，带出田外，并集中烧毁。

（3）化学防治。发病初期喷施72%克露可湿性粉剂600倍液或64%杀毒矾可湿性粉剂600倍液，或72.2%普力克（或霜霉威）水剂700倍液，或58%雷多米尔-锰锌可湿性粉剂500倍液，或50%安克可湿性粉剂1 500～2 000倍液，或52.5%抑快净水分散粒剂2 500倍液等药剂。隔7～10天1次，连续防治2～3次。

五、葱、韭灰霉病

【为害诊断】 在大葱叶上最初出现椭圆或近圆形白色斑点，且多数发生于叶尖，以后逐渐向下发展，并连成一片，致使葱叶卷曲枯死。当湿度大时，可在枯叶上产生大量灰霉。在韭菜上主要为害叶片，病害由叶尖向下发展，引起上半部甚至整叶干枯。发病初期在叶正面（较多）或背面散生白色至浅灰褐色小斑点，后扩大呈椭圆形至梭形，大小2～7毫米。病症一般不明显，仅在湿度大时病斑上长出稀疏的灰褐色霉层，为病菌的分生孢子梗和分生孢子。后期病斑相互连接成片，致使上半叶或全叶枯焦。有时，收割后可从刀口处向下腐烂，形成“V”字形病斑。距离地面较近的老叶，因湿度大、生长弱易发病。

【发病规律】灰霉病以菌丝、分生孢子和菌核在土壤中越冬。深埋15厘米土下的菌核，经21个月，成活率仍为79%。次年春季，当气温逐日上升后，菌核上长出菌丝体和分生孢子梗，产生分生孢子，借气流传播蔓延。病菌从气孔侵入，侵染叶片。温度15～21℃，在空气相对湿度大（80%以上）时，病部出现白色斑点，以后病部出现褐色或灰褐色毛状霉，随着气流、雨水和农事操作传播，进行再侵染。在气候温暖地区，多以分生孢子在病残体上越冬。病菌菌丝生长温度4～32℃，适温20～22℃，产生菌核适温27℃左右。当白天温度在20℃以上、空气相对湿度70%以上时，病害蔓延迅速。保护地内的温度较高、空气相对湿度大更易使病害流行。排水不良、种植密度大、偏施氮肥、光照不足等发病较重。

【防治方法】

（1）农业措施。实行与非百合科蔬菜2年以上轮作；选用抗病品种，如中韭2号、河南791、津南青等；培育壮苗，多施有机肥，及时追肥、除草，提高植株抗病力。发病期间要严格控制浇水。韭菜、葱收割后，及时清除出病残体，防止病菌蔓延。

（2）加强通风透光。适时通风降湿，通风量要根据葱、韭的长势确定，刚割过的韭菜或外界温低，通风要小或延迟，严防扫地风。

（3）化学防治。发病初期喷施50%速克灵可湿性粉剂2 000倍液或50%扑海因可湿性粉剂1 000倍液，或50%万霉灵可湿性粉剂1 000倍液，或10%农利灵可湿性粉剂1 500倍液，或40%施佳乐悬浮剂600～800倍液，或65%甲霉灵可湿性粉剂600～800倍液，或50%多霉灵可湿性粉剂600～800倍液等。隔5～7

天喷 1 次，连喷 3～4 次。为防止产生抗药性，提高防效，提倡轮换交替或复配使用。

六、葱地种蝇

属双翅目花蝇科，又名葱蝇、葱蛆、蒜蛆。全国各地均有发生。主要分布在长江流域及其以北地区。

【形态特征】成虫体长 4.5～6 毫米，翅展 12.0～12.5 毫米。前翅基背毛极短小，腹部扁平，长椭圆形，灰黄色。雄虫复眼在单眼三角区的前方接近处，雌虫复眼间距较宽，中足胫节的外上方有 2 根刚毛，后足胫节的内下方中央（为全胫节长的 1/3～1/2 部分）具有成列稀疏而大致等长的短毛。卵为长椭圆形，长径约 1 毫米，白色。幼虫蛆状，成熟幼虫体长 9～10 毫米，乳白色。腹部尾节有 6 对凸起，均不分叉，第 1 对高于第 2 对，第 6 对显著大于第 5 对。蛹纺锤形，长 6～7 毫米，红褐色至暗褐色。

【为害诊断】幼虫蛀入葱蒜等的鳞茎内取食，常群集为害，轻者蒜头畸形突出或蒜瓣裂开，重者蒜头被蛀成孔洞，引起腐烂发臭，叶片枯黄，植株逐渐凋萎，甚至成片死亡。

【防治方法】

（1）农业防治。施用充分腐熟的有机肥，施肥后应立即覆土；严格选种，选用粒大饱满、无创伤、不发霉、成熟度一致的优质蒜种；蒜母子应随剥随栽，剔除发霉、受冻蒜瓣。在北方尽量适时早播；大蒜在烂母子前适时加水、追施氨水，缩短烂母时间。若条件许可，可进行蒜、粮、棉、菜套种或轮作，减轻为害。

（2）化学防治。用 90% 晶体敌百虫或 40% 毒死蜱乳油 1 000～1 500 倍液，浸泡蒜种 2 分钟并及时栽种，可有效地防治蒜蛆。其余参见韭菜迟眼蕈蚊。

七、葱潜叶蝇

属双翅目潜蝇科，又名葱斑潜叶蝇、韭菜潜叶蝇、夹叶虫、串皮干。在华北、西北及台湾等地均有分布。

【形态特征】成虫体长2毫米，头部黄色，头顶两侧有黑纹；复眼红褐色，周缘黄色；单眼三角区黑色；触角黄色，芒褐色。胸部黑色，有绿晕，上被淡灰色粉，肩部、翅基部及雄背的两侧淡黄色；小盾片黑色，腹部黑色，各关节处淡黄色或白色。足黄色，基节基部黑色，胫节、跗节黄色，跗节先端黑褐色。翅脉褐色，平衡棒黄色。幼虫体长4毫米，宽0.5毫米，淡黄色，细长圆筒形，尾端背面有后气门突1对；体壁半透明，绿色。蛹长2.8毫米，宽0.8毫米，褐色，圆筒形略扁，后端略粗。

【为害诊断】幼虫在叶组织内蛀食成隧道，呈曲线或乱麻状，影响作物生长。

【防治方法】可在成虫盛发期喷洒50%辛硫磷乳油1 000～1 500倍液，或0.12%天力Ⅱ号可湿性粉剂1 000倍液。在幼虫为害期可喷洒75%潜克可湿性粉剂5 000～7 000倍液，或1%阿维菌素乳油3 000倍液，或10%吡虫啉可湿性粉剂2 000倍液，或40%毒死蜱乳油1 000倍液，或20%绿得福（杀虫单·阿维菌素）乳油1 000倍液，或12%保护净（毒·吡）可湿性粉剂800～1 000倍液，或25%爱卡士乳油1 000倍液。在作物收割前半个月停止使用，以防止残留农药在蔬菜上超过标准。

八、大蒜细菌性软腐病

【为害诊断】大蒜染病后，先从叶缘或中脉发病，沿叶缘或中脉形成黄白色条斑，可贯穿整个叶片，湿度大时，病部呈黄褐色软腐状。一般脚叶先发病，后逐渐向上部叶片扩展，造成全株枯黄或死亡。

【发病规律】病菌主要在遗落土中尚未腐烂的病残体上存活越冬。翌年进入雨季引起大蒜软腐，尤其早播、排水不良，或生长过旺的田块发病重。干旱时可自行缓解，对产量有明显影响。

【防治方法】发病初期开始喷洒77%可杀得可湿性粉剂500倍液或20%龙克菌悬浮剂500倍液，或50%琥胶肥酸铜可湿性粉剂500倍液，或12%绿乳铜乳油500倍液，或14%络氨铜水剂300倍液，或72%农用硫酸链霉素可溶性粉剂4 000倍液。隔7～10天1次，视病情连续防治2～3次。

九、大蒜花叶病

【为害诊断】发病初期，沿叶脉出现断续黄条点，后连接成黄绿相间长条纹，植株矮化，且个别植株心叶被邻近叶片包住，呈卷曲状畸形，长期不能完全伸展，致叶片扭曲。病株鳞茎变小，或蒜瓣及须根减少。严重的蒜瓣僵硬，贮藏期尤为明显。该病是当前生产上普遍流行的一种病害，罹病大蒜产量和品质明显下降，造成种性退化。

【发病规律】播种带毒鳞茎，出苗后即染病。田间主要通过桃蚜、葱蚜等进行非持久性传毒，以汁液摩擦传毒。管理条件差、蚜虫发生量大及与其他葱属植物连作或邻作时发病重。由于大蒜系无性繁殖，以鳞茎作为播种材料，因此植株带毒能长期随其营养体蒜瓣传至下代，以致田间已无不受病毒感染的植株，且不断扩大病毒繁殖基数，致大蒜退化变小。

【防治方法】

（1）选种无毒苗。严格选种，尽可能建立原种基地；采用轻病区大蒜的鳞茎（蒜瓣）做种，减少鳞茎带毒率。大力推广营养茎尖、生殖茎尖分生组织的离体培养，脱除大蒜鳞茎中的主要病毒。

（2）加强栽培管理。避免与大葱、韭菜等葱属植物邻作或连作，减少田间自然传播；合理肥水管理，避免早衰，提高植株抗病力。

（3）蚜虫防治。在蒜田及周围作物喷洒杀虫剂防治蚜虫，防止病毒的重复感染。使用药剂见本书蚜虫防治部分。此外，还可挂银灰膜条驱蚜。

（4）化学防治。发病初期开始喷洒1.5%植病灵乳剂1 000倍液或20%病毒A可湿性粉剂500倍液、或83增抗剂100倍液、或抗毒剂1号水剂250～300倍液。隔10天左右1次，连续防治2～3次。可用抗毒剂1号水剂250倍液灌根，每株灌兑好的药液50～100毫升。隔10～15天1次，共灌2～3次。必要时喷淋与灌根结合，效果更好。

第三节　韭菜类蔬菜病虫害及防治

一、韭菜疫病

【为害诊断】根、茎、叶、花薹等部位均可受害，尤以假茎和鳞茎受害重。叶片及花薹染病，多始于中、下部，初呈暗绿色水渍状，长5～50毫米，有时扩展到叶片或花薹的1/2，病部失水后明显缢缩，引起叶、薹下垂腐烂。湿度大时，病部产生稀疏白霉。假茎受害呈水渍状浅褐色软腐，叶鞘易脱落。湿度大时，其上长出白色稀疏霉层，即病原菌的孢子囊梗和孢子囊。鳞茎被害，根盘部呈水渍状，浅褐至暗褐色腐烂，纵切鳞茎内部组织呈浅褐色，影响植株的养分贮存，生长受到抑制，新生叶片纤弱。根部染病变褐腐烂，根毛明显减少，影响水分吸收，致使根的寿命大为缩短。

【发病规律】病菌主要以菌丝体、卵孢子及厚垣孢子随病残体在土中越冬。翌年条件适宜时，产生孢子囊和游动孢子，借风、雨或水流传播，萌发后以芽管直接侵入寄主表皮。发病后湿度大时，又在病部产生孢子囊，借风雨传播蔓延，进行重复侵染。高湿度是病害发生与流行的重要条件。一般雨水多的年份发病重。发病适温为25～32℃。连作、田间积水、湿度大的地块发病重。

【防治方法】

（1）轮作换茬。避免连年种植，发病地与非葱蒜类和非茄科蔬菜轮作2～3年。

（2）选用抗病品种。早发韭1号、优丰1号韭菜。

（3）加强栽培管理。选好种植韭菜的田块，仔细平整苗床或养茬地，雨季到来前，整好田间排涝系统。露地注意排水，施足肥料。韭菜分苗时严格检查，不从病田取苗栽种。保护地要及时放风，降低棚内湿度，及时清除病株、病残体。

（4）化学防治。发病初期，可喷洒72%克露（霜脲锰锌）可湿性粉剂700倍液或69%安克锰锌可湿性粉剂1 000倍液，或72.2%普力克水剂600倍液，或60%琥·乙膦铝可湿性粉剂500倍液，或25%甲霜灵可湿性粉剂800倍液，或58%甲霜灵锰锌可湿性粉剂600倍液，或40%乙膦铝可湿性粉剂300倍液，或64%杀毒矾可湿性粉剂500倍液。隔10天左右1次，连续防治2～3次。

二、韭菜菌核病

【为害诊断】主要为害叶片、叶鞘或茎部。受害的叶片、叶鞘或茎基部初变褐色或灰褐色，后腐烂干枯，田间可见成片枯死株，病部可见棉絮状菌丝缠绕及由菌丛纠结成的黄白色至黄褐色或茶褐色菜子状小菌核。

【发病规律】在寒冷地区，主要以菌丝体和菌核随病残体遗落土中越冬。翌年条件适宜时，菌核萌发产生子囊盘。子囊散射出子囊孢子进行初侵染，借气流传播蔓延，或病部菌丝与健株接触后侵染发病。在南方温暖地区，病菌有性阶段不产生或少见，主要以菌丝体和小菌核越冬。翌年小菌核萌发，伸出菌丝或患部菌丝通过接触侵染扩展。通常雨水频繁的年份或季节易发病。如种植地低洼积水或大雨后受涝、偏施氮肥及过分密植时发病重。

【防治方法】

（1）整修排灌系统，防止种植地积水或受涝。

（2）栽培管理。合理密植；避免偏施氮肥；定期喷施植宝素、喷施宝或增产菌，使植株早生快发，可缩短割韭周期；改善株间通透性，减轻受害。

（3）化学防治。及时喷药预防。每次割韭后至新株抽生期喷淋50%农利灵可湿性粉剂1 000倍液，或50%扑海因可湿性粉剂1 000～1 500倍液，或50%速克灵可湿性粉剂1 500～2 000倍液，或40%菌核净可湿性粉剂500倍液，或75%百菌清可湿性粉剂800倍液加70%甲基硫菌灵可湿性粉剂800倍液，或60%防霉宝超微粉600倍液，或40%多硫悬浮剂500倍液，或5%井冈霉素水剂50～100微升/升。隔7～10天1次，连续防治3～4次。棚室韭菜染病可采用烟雾法或粉尘法，具体方法见黄瓜霜霉病的防治。

三、韭菜迟眼蕈蚊

属双翅目眼蕈蚊科，又名韭蛆、黄脚蕈蚊。全国各地均有分布，是韭菜上的主要害虫。

【形态特征】成虫体小长2.0～4.5毫米，翅展约5毫米，体背黑褐色。复眼在头顶呈细眼桥。触角丝状，16节。足细长，褐色，胫节末端有刺2根。前翅淡烟色，缘脉及亚前缘脉较粗，后翅退化为平衡棒。雄虫略瘦小，腹部较细长，末端有1对抱握器；雌虫腹末粗大，有分两节的尾须。卵为椭圆形，白色，大小为 0.24 毫米×0.17 毫米。幼虫体细长，老熟时体长 5～7 毫米，头漆黑色，有光泽，体白色，半透明，无足。蛹为裸蛹，初期黄白色，后转黄褐色，羽化前灰黑色，头铜黄色，有光泽。

【为害诊断】幼虫聚集在韭菜地下部的鳞茎和柔嫩的茎部为害。初孵幼虫先为害韭菜叶鞘基部和鳞茎的上端。春、秋两季主要为害韭菜的幼茎，引起腐烂，严重的使韭叶枯黄而死。幼虫可蛀入多年生韭菜鳞茎，重者鳞茎腐烂，整墩韭菜死亡。

【防治方法】

（1）防治策略。狠治第一代和第五代，控制第二代，并采取雨前突击用药的方法，以确保防治效果。

（2）化学防治。可在各代成虫的羽化高峰期选用 2.5%敌杀死乳油或 2.5%功夫乳油 1 500～2 000 倍液在韭菜叶面喷雾，也可用 48.7%乐斯本乳油 2 000 倍液叶面喷雾。用于杀灭地下幼虫可选用颗粒剂撒施，即 3%护地净颗粒剂每 667 平方米 3～4 千克或 5%毒死蜱颗粒剂每 667 平方米 2～3 千克，撒于韭菜行间，并覆土。据试验，经施药后第 35 天检查，幼虫死亡率仍达 90%以上，也可选用乳剂浇灌，即 40%毒死蜱乳油，每 667 平方米 200 毫升加水 100～150 千克，用粗喷片喷淋，在施药后 20 天，防治效果达 90%左右。

第七章　莴苣、芹菜、菠菜等类蔬菜病虫害及防治

第一节　莴苣病虫害及防治

1. 莴苣菌核病

【为害诊断】该病发生于结球莴苣的茎基部，或茎用莴笋的基部。染病部位多呈褐色水渍状腐烂。湿度大时，病部表面密生棉絮状白色菌丝体后形成菌核。菌核初为白色，后逐渐变成鼠粪状黑色颗粒状物。染病株叶片凋萎，最终全株枯死。

【发病规律】主要以菌核随病残体遗留在土壤中越冬。潮湿土壤中存活 1 年左右，干燥土壤存活 3 年以上，水中经 1 个月即腐烂死亡。菌核萌发后产生子囊盘、子囊和子囊孢子。孢子成熟后借气流传播蔓延。初侵染是由子囊孢子萌发后产生芽管，从衰老的或局部坏死的组织中侵入。当该菌获得更强的侵染能力后，直接侵害健康茎叶。在田间病、健叶经接触菌丝即传病。温度 20℃、相对湿度高于 85％时发病重。湿度低于 70％，病害明显减轻。此外，密度过大、通风透光条件差、排水不良的低洼地块、偏施氮肥，连作地发病重。

【防治方法】

（1）选用抗病品种。如红叶莴笋、挂丝红、红皮圆叶等带红色的品种较抗病。

（2）栽培管理。培育适龄壮苗，苗龄 6～8 片真叶为宜。带土定植，提高盖膜质量，使膜紧贴地面，避免杂草滋生。合理施

肥，提倡施用日本酵素菌沤制的堆肥或充分腐熟的有机肥，每667平方米施有机肥3 000～4 000千克，磷肥7.5～10千克，钾肥10～15千克，植株开盘后开始追肥。也可喷洒0.2%～0.5%的复合肥或喷施植宝素6 000倍液，或有机活性液肥（高美施）600～800倍液，增加抗病力。

（3）地膜覆盖。适期使用黑色地膜覆盖，将出土的子囊盘阻断在膜下，使其得不到充足的散射光，大部分不能完成其发育过程，大幅度减少初侵染几率。及时摘除病叶或拔除病株，深埋并与化学防治相结合。但在高温期要注意防止地膜吸热灼苗，必要时可在膜上撒一层细土，或浇水降温，或推迟定植期，避免高温为害。

（4）化学防治。发病初期开始喷洒70%甲基硫菌灵可湿性粉剂700倍液或50%扑海因可湿性粉剂1 000～1 500倍液，或50%速克灵或农利灵可湿性粉剂1 500倍液，或40%菌核净可湿性粉剂500倍液，或20%甲基立枯磷乳油1 000倍液。每隔7～10天1次，连续防治3～4次。

2. 莴苣霜霉病

【为害诊断】幼苗、成株均可发病，以成株受害重。主要为害叶片。病叶由植株下部向上蔓延，最初叶上生淡黄色近圆形或多角形病斑，直径5～20毫米。潮湿时，叶背病斑长出白霉即病菌的孢囊梗和孢子囊，后期病斑枯死变为黄褐色并连接成片，造成全叶干枯。

【发病规律】病菌在南方气温高的地区，无明显越冬现象。在北方以菌丝体在种子内或秋播莴笋上，或以卵孢子随病残体在土壤中越冬。翌年产生孢子囊，借风雨或昆虫传播。孢子囊多间接萌发，产生游动孢子；有些直接萌发，产出芽管，从寄主的表皮或气孔侵入。孢子囊萌发适温6～10℃，侵染适温15～17℃。此病在阴雨连绵的春末或秋季发病重；栽植过密，定植后浇水过早、过多、土壤潮湿或排水不良易发病。

【防治方法】

（1）选用抗病品种。凡根、茎、叶带紫红或深绿色的表现抗病，如红皮莴苣、尖叶子、青麻叶莴苣较抗病。

（2）加强栽培管理。合理密植；注意排水，降低田间湿度；收获后清洁田园；实行与豆科、茄科、百合科等蔬菜轮作2～3年。

（3）化学防治。参照菠菜霜霉病。

第二节　芹菜病虫害及防治

1. 芹菜斑枯病

【为害诊断】芹菜斑枯病又称晚疫病、叶枯病。芹菜叶、叶柄、茎均可染病。一般从老叶开始发病，后传染到新叶上。叶上病斑多散生，大小不等，直径3～10毫米，初为淡褐色油渍状小斑点，后逐渐扩大，中部呈褐色坏死，外缘多为深红褐色且明显，中间散生少量小黑点。另一种开始时不易与前者区别，后中央呈黄白色或灰白色。边缘聚生很多黑色小粒点，病斑外常具一圈黄色晕环，病斑直径不等。叶柄或茎部染病，病斑褐色，长圆形稍凹陷，中部散生黑色小粒点。目前，该病已成为冬春保护地芹菜的重要病害，对产量和质量影响很大。

【发病规律】主要以菌丝体在种皮内或病残体上越冬，且存活1年以上。播种带菌种子，出苗后即染病，产出分生孢子，在育苗畦内传播蔓延。在病残体上越冬的病原菌，遇适宜温、湿度条件，产出分生孢子器和分生孢子，借风、雨水飞溅将孢子传到芹菜上。孢子萌发产出芽管，经气孔或穿透表皮侵入，经8天潜育，病部又产出分生孢子进行再侵染。该病在冷凉和高湿条件下易发生，气温20～25℃，湿度大时发病重。此外，连阴雨或白天干燥，夜间有雾或露水及温度过高、过低，植株抵抗力弱时发病重。

【防治方法】

（1）选用抗病品种。如津南实芹、冬芹、夏芹、津芹、天马、上海大芹、文图拉、美国玻璃脆、西芹3号、春丰等。选用无病种子或对带病种子进行消毒；从无病株上采种或采用存放2年的陈种，如采用新种要进行温汤浸种，即48～49℃温水浸30分钟，边浸边搅拌，后移入冷水中冷却，晾干后播种。

（2）加强田间管理。施足底肥，看苗追肥，增强植株抗病力。保护地栽培要注意降温、排湿，白天控温15～20℃，高于20℃要及时放风，夜间控制在10～15℃，缩小日夜温差，减少结露，切忌大水漫灌。

（3）化学防治。保护地芹菜苗高3厘米后有可能发病，施用45%百菌清烟剂熏烟，每667平方米200～250克，或喷撒5%百菌清粉尘剂，每公顷15千克。露地可选喷75%百菌清可湿性粉剂600倍液或60%琥·乙膦铝可湿性粉剂500倍液，或64%杀毒矾可湿性粉剂500倍液，或40%多·硫悬浮剂500倍液，或12%绿乳铜乳油500倍液，或47%加瑞农可湿性粉剂500倍液。每隔7～10天1次，连续防治2～3次。

2. 芹菜叶斑病

【为害诊断】芹菜叶斑病又称早疫病、斑点脚，从苗期就可发病，主要为害叶片，叶柄及茎也可受害。在叶片上初生黄绿色水渍状斑，扩大后为圆形或不规则形，大小4～10毫米，病斑中央灰褐色或暗褐色，边缘色稍深、界限不明晰。严重时病斑扩大汇合成片，终致叶片干枯死亡。在茎或叶柄上，初生水渍状凹陷条斑，暗褐色，大小3～7毫米，发病严重的全株倒伏。高湿时，上述各病部均长出灰白色霉层，即病菌分生孢子梗和分生孢子。

【发病规律】病菌以菌丝体或孢子附着在种子或病残体上及病株上越冬，也能以菌丝体在种子内越冬。春季条件适宜时，产出分生孢子，通过雨水飞溅、气流及农具或农事操作传播。从气孔或表皮直接侵入。发病后病斑上产生分生孢子，借风、雨传播进行再侵染。此菌发育适温25～30℃。分生孢子形成适温15～20℃，萌发适温28℃。高温多雨或高温干旱，夜间结露重，持续时间长，易发病。尤其缺水、缺肥、灌水过多或植株生长不良发病重。

【防治方法】

(1) 农业措施。选用耐病品种如津南实芹1号等；选用无病种子并进行种子处理。从无病株上采种，种子播种前用48℃温水浸种30分钟，浸种时要不断搅拌，使种子受热均匀，到时间后捞出并立即投入冷水中降温；发病地与其他蔬菜进行2～3年以上轮作。

(2) 加强栽培管理。合理密植；科学灌溉，防止田间湿度过高；施足有机肥并及时追肥，提高植株抗病力；发病初期摘除病叶、脚叶，集中烧毁或深埋。

(3) 化学防治。发病初期喷洒50%多菌灵可湿性粉剂800倍液或50%甲基硫菌灵可湿性粉剂500倍液、或77%可杀得可湿性粉剂500倍液。每隔5～7天1次，连喷2～3次。保护地条件下，可选用5%百菌清粉尘剂，每公顷每次15千克。方法同黄瓜霜霉病，或施用45%百菌清烟剂，每公顷每次3千克，隔9天左右1次。

3. 芹菜根结线虫病

【为害诊断】表现为植株生长发育受阻，颜色不正常，湿度大时，植株萎蔫。上述症状是线虫为害根部所致。根部症状常因病原线虫不同而异。根结线虫引起根部虫瘿，其严重程度取决于土壤中线虫的数量、生长的环境及植株的发育阶段。

【发病规律】【防治方法】参见番茄根结线虫。

第三节　菠菜病虫害及防治

1. 菠菜霜霉病

【为害诊断】主要为害叶片。初期叶面产生淡黄色或苍白色、边缘不明显的病斑，后病斑扩大呈不规则形，大小不一，直径3～17毫米。病斑多时相互连接成大斑块，色泽由黄变褐色而枯死。叶背病斑上产生灰白色霉层，后变灰紫色，即病菌的孢囊梗和孢子囊。病害一般从植株下部叶片逐渐向上扩展，干旱时病叶枯黄，湿度大时多腐烂。严重的整株叶片变黄枯死，有的菜株呈萎缩状，多为冬前侵染所致。

【发病规律】病菌以菌丝在被害的寄主和种子上或以卵孢子在病残叶内越冬。翌春产生孢子囊，借气流、雨水、农具、昆虫及农事操作传播蔓延。孢子萌发产生芽管由寄主表皮或气孔侵入，并在病部产生孢子囊，在田间进行再侵染。在菠菜生长后期，病残菌产生卵孢子遗留在土壤或病株残叶上越夏，或依附在种子表面越夏，以后侵染秋菜。孢子囊形成适温7～15℃，萌发适温8～10℃，最高30℃，最低3℃。气温10℃，相对湿度85%的低温高湿条件下，或种植密度过大、积水及早播发病重。

【防治方法】

（1）加强栽培管理。早春在菠菜田内发现系统侵染的萎缩株，要及时拔除，携出田外烧毁。重病区应与其他蔬菜实行2～3年轮作，并做到密度适当、科学灌水及开沟排水，降低田间湿度。

（2）化学防治。发病初期开始喷洒40%三乙膦酸铝（乙膦铝）可湿性粉剂200～250倍液或58%甲霜灵·锰锌可湿性粉剂500倍液，或64%杀毒矾可湿性粉剂500倍液，或70%乙膦·锰锌可湿性粉剂500倍液，或72.2%普力克（霜霉威）水剂800倍液，或72%克露（霜脲锰锌）可湿性粉剂700倍液，或69%安克锰锌可湿性粉剂1 000倍液，隔7～10天1次，连续防治2～3次。

2. 菠菜炭疽病

【为害诊断】主要为害叶片和茎。叶片染病，病斑初为圆形或椭圆形、淡黄色的污点，后逐渐扩大成灰褐色，圆形、椭圆形或不规则形病斑，并具轮纹，中央有小黑点。采种株染病，主要发生于茎部，病斑初为梭形或纺锤形，继而病部组织干腐，易造成上部茎叶折倒。病斑上密生黑色轮纹状排列的小黑点，即病菌分生孢子盘。

【发病规律】以菌丝体在病组织内或黏附在种子上越冬，成为翌年初侵染源。翌春条件适宜时产出分生孢子，借风、雨传播。孢子萌发后以芽管穿透表皮直接侵入表皮或由伤口侵入，经几天潜育又在病部产出分生孢子盘和分生孢子进行再侵染。高温多雨、地势低洼、栽植过密、植株生长不良发病重。

【防治方法】

(1) 农业措施。种植菠杂9号、10号早熟一代杂交种；从无病株上选种；播种前种子用52℃温水浸20分钟，后移入冷水中冷却，晾干播种；与其他蔬菜实行3年以上轮作；做到合理密植；避免大水漫灌；施足有机肥，适时追肥，注意氮、磷、钾配合；清洁田园，及时清除病残体，携出田外烧毁或深埋。

(2) 化学防治。棚室可选用6.5%甲霜灵超细粉尘每公顷每次15千克喷粉。露地于发病初期喷洒50%炭特灵可湿性粉剂500倍液或50%多菌灵可湿性粉剂700倍液，或40%多·硫悬浮剂600倍液，或80%炭疽福美可湿性粉剂800倍液，或50%甲基硫菌灵可湿性粉剂500倍液，或25%使百克乳油1 500倍液，或70%甲基硫菌灵可湿性粉剂1 000倍液加75%百菌清可湿性粉剂1 000倍液，每隔7～10天1次，连续防治3～4次。

第四节 其他类蔬菜病虫害及防治

一、芋污斑病

【为害诊断】污斑病为毛芋主要病害，仅为害叶片。染病初期病斑呈淡黄色，后逐渐变为淡褐色至暗褐色，病斑近圆形或不规则形，直径0.5～2厘米，大小不一，似污渍状，故名污斑病。湿度大时病斑表面产生隐约可见的薄霉层，为分生孢子梗及分生孢子。严重时病斑布满叶片，致使叶片变黄枯死。

【发病规律】以菌丝体和分生孢子在病残体上越冬。翌春条件适宜时，病菌分生孢子借气流或雨水传播，多侵染生长衰弱的植株，然后产生新的分生孢子进行再侵染。在南方地区毛芋周年种植，病菌可辗转为害，无明显越冬期。高温、多湿的天气，偏施氮肥或缺肥田块，致使植株生长衰弱，发病较重。

【防治方法】

（1）加强管理。合理施肥，高畦栽培，开沟排水，加强通风透光，以增强植株长势，提高植株抗病力。收获后清除病残体，深埋或集中销毁，减少病源。

（2）化学防治。在发病初期喷药，每隔7～10天1次，连续5～8次。可选用62.25％仙生可湿性粉剂600倍液或50％多菌灵可湿性粉剂800倍液、或70％甲基托布津可湿性粉剂800倍液、或75％百菌清可湿性粉剂600倍液、或40％达科宁悬浮剂600倍液进行防治，注意交替使用，并根据农药安全间隔期有关规定进行。

二、姜瘟病

【为害诊断】姜瘟病又称腐烂病或青枯病。主要为害地下茎和根部，茎能受害。一般在贴近地面的地下根茎先染病。肉质茎受害初呈水渍状、黄褐色、无光泽，后内部组织逐渐腐烂，仅留皮囊，挤压病部可流出污白色米水状恶臭的汁液。根部发病初期呈水渍状，后黄褐色，最终腐烂。地上茎受害呈暗褐色，内部组织腐烂，仅留纤维。叶片受害呈凋萎状，叶色淡黄，边缘卷曲，终致全株下垂死亡。

【发病规律】病菌在种姜或土壤中越冬。带菌种姜是翌年的主要侵染病源，而且是远距离传播的主要途径。生姜种植后，病菌通过根茎部自然裂口和机械伤口侵入，引起初次侵染，形成发病中心，然后再侵染蔓延，使附近的植株发病，并不断扩散。在浙江省 7～9 月为主要发生期。梅雨季节、多雨年份、连作地块、山地酸性土壤、地势低洼发病较重。

【防治方法】

（1）农业措施。从无病田留种或精选健种；实行轮作，尽可能选择前茬为大小麦、水稻或水生蔬菜轮作 2～3 年，避免与茄科蔬菜、花生等连作；施有机肥，每 667 平方米施用生石灰 150～200千克消毒。

（2）种姜消毒。用 20％龙克菌可湿性粉剂 300 倍液浸种 3～5 小时，或 500 毫克/千克农用链霉素、新植霉素浸种 48 小时后播种。

（3）化学防治。出现中心病株后立即浇灌农药。可用 72％农用链霉素 3 000 倍液或 47％加瑞农可湿性粉剂 750 倍液、或 14％络氨铜水剂 350 倍液、或 50％代森铵 1 000 倍液、或 20％龙克菌可湿性粉剂 500 倍液。每株灌根 250 毫升，每隔 10～15 天用药 1 次，连续 3～4 次。最后一次喷药至收获严格根据有关农药安全间隔期规定进行。

三、茭白二化螟

属鳞翅目螟蛾科。主要为害茭白、豌豆、蚕豆、水稻等多种农作物。

【形态特征】成虫体长12～15毫米。翅展雄虫20毫米，雌虫25～28毫米。体灰黄色或淡褐色，中室下方有3个斑，排成斜线，外缘有7个小黑点。卵扁椭圆形，初产乳白色，半透明，表面有网纹，孵化前黄色，卵粒呈鱼鳞状排列。幼虫共5龄，老熟幼虫体长20～30毫米，体背为黄色、淡红色或灰褐色，中胸和后胸各有毛瘤4个，腹部1～8节有2列毛瘤，前后2排共8个。蛹体长约13毫米，圆筒形，初米黄色，后变为淡褐色，背面有5条棕褐色纵线。

【发病规律】长江流域年发生2～3代。以老熟幼虫在受害作物上越冬。浙江地区翌春化蛹，成虫在4～5月羽化，6～8月为羽化盛期。成虫夜间活动，对黑光灯有较强的趋性。卵多产于植株叶鞘上或叶鞘内侧。平均每雌可产约300粒。幼虫孵化后群集为害，造成茭白枯鞘，长大后逐渐分散，从叶腋蛀入茎中，可转株为害。二化螟最适温度22～25℃，相对湿度80%左右。二化螟为害茭白时，以幼虫蛀食茎或食害心叶，形成枯心苗或枯茎，部分组织腐烂，影响产量。多雨、潮湿或茭白密度过大，则发生较重；高温、干旱，发生较轻。

【防治方法】

（1）清洁田园。可在冬季或早春齐泥割掉茭白残株，并铲除田边杂草，消灭越冬虫源；在成虫发生盛期后3～5天，剥除老叶和黄叶并集中烧毁，以消灭部分卵块。

（2）灯诱成虫。每3公顷设置频振式杀虫灯1盏或每公顷设置黑光灯1盏，连片使用效果更佳。

（3）农业措施。水稻换茬茭白田冬前深翻灌水，或老茭白田春暖后灌深水20厘米，7天左右消灭虫源。

（4）化学防治。以卵孵化高峰期为防治适期。药剂可选用Bt系列可湿性粉剂800～1 000倍液，或18%杀虫双乳油500倍液，或5%锐劲特悬浮剂1 000～2 000倍液等喷雾。注意交替用药，各类农药使用严格按照安全间隔期有关规定进行。

第八章　蔬菜病虫害的综合防治

病虫害的预测预报工作就是掌握病虫发生的动态，做好防治工作的各项准备。因此，除关注有关部门发布的病虫情报外，还必须掌握田间调查的方法，内容主要包括：如何取样，如何整理调查数据，如何结合本地的实际情况，制定合理有效的防治方案。防治方案可以某一种主要病虫害为对象，也可以作物为对象制定全面、系统、科学的综合防治计划，以便用最低的成本，取得最大的经济效益和生态效益。

第一节　预测预报

一、定义

病虫害的预测预报就是在病虫发生危害之前，侦察病虫发生的动态，经过科学分析，结合历年发生情况的比较，再结合当地气象资料以及天敌、作物发育阶段等综合分析，得出病虫的发生发展的趋势，并运用于病虫害的防治实践中，以便提前做好准备、指导防治工作，争取防治工作的计划性和主动性，在与病虫害斗争中取得胜利。预测预报的内容有：发生期的预测、发生量预测、发生范围和产量损失预测。病虫害的预测预报工作，是以已掌握病虫害发生规律为基础，根据当前病虫发生数量和发展状况，结合气象条件和作物发育等情况，进行综合分析，判断病虫未来的动态趋势，保证及时、经济、有效的防治工作。

二、目的

预测预报工作在生产中非常重要，它是贯彻我国植保方针“预防为主，综合防治”和实现植保工作现代化的基础。预测预报工作，是在逐步掌握病虫发生发展的规律基础上，比较准确地对病虫发生时间、地点和程度作出预测，抓住病虫发生和发展的薄弱环节，选择有利的时机，以最小的成本取得最大的效益。

预测方法从经验预测、物候预测以及综合气象指标、菌量指标、虫情指标和天敌指标等各方面数据，发展到利用卫星遥感、雷达、计算机等技术进行病虫的预测，目的是将预测的结果经过统计分析后，制成预报或预警，通过“病虫情报”或“病虫动态”等小报在当地发布，也可通过报纸、广播、电视或网络等传媒播报。

三、分类

按预测预报的内容，病虫害预测预报的类别可分为以下几种。

1. 发生期预测

预测某种虫害的某一虫态或病害发生期或危害期；对于具有迁飞、扩散习性的害虫，以及大区流行病害或流行性强的病害，预测其在本地的发生时期，并以此作为确定防治适期的依据。

2. 发生量和危害程度预测

预测病害或害虫的发生数量或田间发生程度，估计病害或害虫未来的数量是否有大发生的趋势和是否会达到防治指标。

在病害或害虫发生量等预测的基础上，根据病害或害虫猖獗程度与作物栽培状况相结合进行综合分析，进一步研究预测某种作物对于病害或虫害最敏感的时期，是否完全与病害或害虫破坏力或侵入力最强、病虫数量愈来愈多的时期相遇，从而推断病害或虫害程度的轻重或所造成损失的大小；配合发生量预测进一步划分防治对象田，确定防治次数，并选择合适的防治方法，以争取防治工作的主动权。

当前我国所发布的农作物病虫害发生趋势预报，按预测期限分，主要有短、中、长和超长期（跨年度）预测（表8-1）。

表8-1　农作物病虫预报种类表

预测种类	预测期限	主要用途	主要服务对象
短期预测	3～10天	指导药剂防治	农户、基层政府及农业主管部门
中期预测	10～30天	指导栽培防治，做好药剂防治的准备工作	省、地、县农业主管部门及农资部门
长期预测	1月～1季度	制订防治计划，优化防治方案	国家、省、地农业、农资主管部门
超长期预测	跨年度至若干年	制订植保规划、计划，病虫害长期控制对策、措施	中央、省级农业主管部门和植保部门

第二节　田间调查

一、目的

田间调查是植保员必须掌握的一项基本技能。为了了解实际情况，必须在现场进行实地的田间调查病虫害发生的时间，为害程度和范围，以便掌握防治的主动权，并根据调查的情况，明确防治对象安排时间，制定防治计划。

田间调查的数据，经计算、整理和分析，可作为本地区病虫害的档案，是病虫害的预测预报和指导防治工作的基础性工作。

有时要了解一个新品种的增产效果，一项栽培措施或一个新农药的防治效果，要调查某一种病虫害造成的损失，同样需要认真的田间调查。

二、方法

田间调查是一项十分细微且繁琐的工作，调查时要尽量选择有代表性的样品，即抽取能代表整田或整个大棚或温室的一部分植株或叶片，这就叫抽样。为了尽可能有代表性，根据当地病虫发生情况，采用不同的取样方法，如常用的有五点式、棋盘式、对角线式、抽行式（图 8-1）等取样。取样的内容主要有以下几点。

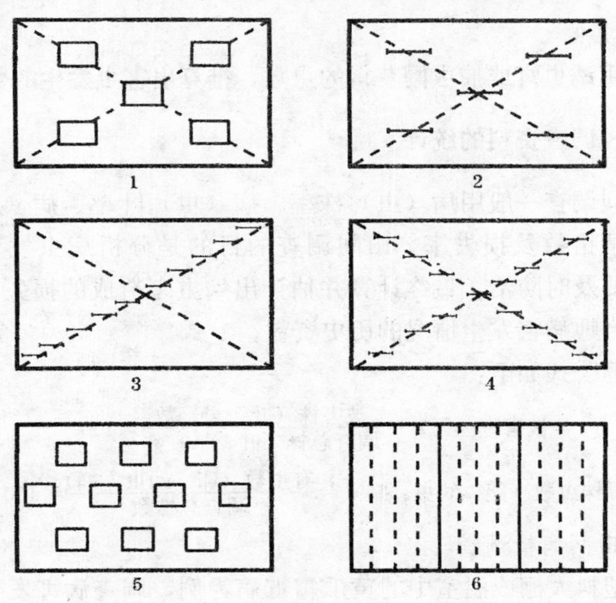

图 8-1　田间调查方法示意图

1. 五点式（面积）　2. 五点式（长度）　3. 单对角线式　4. 双对角线式　5. 棋盘式　6. 抽行式

1. 面积

如求得1平方米土壤中的害虫、卵数或受病虫害为害的株数，就得按面积调查，一般取样5～10平方米。

2. 植株、叶、果等

为了得出在田间发生病虫害的病（虫）株率、病叶率、病果率，按取样方式获取的数据，一般取样数量在百株、百叶或百果以上，经计算后便可得出。

3. 长度

对密植的作物的调查，常采用1米长病虫发生的数量，一般取样10～20米。

4. 其他

可用诱虫灯或捕虫网获得的虫数，推算出害虫发生的数量。

三、调查资料的统计

田间调查一般用病（虫）株率、病（虫）叶率、病（虫）果率、病情指数及损失率。田间调查的目的是分析病虫发生的动态，以便及时防治，最终计算并估计出病虫害造成的损失，并可以作为当地病害发生情况的历史资料。

计算公式如下：

$$被害率（\%）=\frac{被害株（叶、果）数}{调查总株（叶、果）数}\times 100$$

$$百株虫数（卵、幼虫、蛹）=\frac{有虫数（卵、幼虫、蛹）}{调查总株数}\times 100$$

1. 田间病情调查

以塑料大棚或温室中的黄瓜霜霉病为例，调查病害发生动态的方法如下。

首先在黄瓜定植后进行全温室的普遍调查，发现中心病株后应即可发出预报并应及时防治。如果需要继续调查发病的动态和发生严重程度，可将结果记录在调查表中（表8-2）。

表 8-2　黄瓜霜霉病田间系统调查表

调查地点：　　　　　　调查日期：　　　　　　调查人：

品种	生育期	调查株数	发病株数	病株率（%）	调查叶数	发病叶数	病叶率（%）	各级发病叶数					病情指数	备注
								0	1	2	3	4		

2. 病情指数的计算

为了既能计算出发病率又能反映发病严重程度，常常用一种叫病情指数的分级计算方法来表示，根据发病的严重程度，人为地将病害分为 3～5 个级别，以“0”级表示无病，按下面公式计算：

$$病情指数=\frac{\sum（各级病叶数\times该级数）}{调查总叶数\times最高发病级数}\times 100$$

例如：调查某保护地黄瓜霜霉病发生情况，按五点取样法，每点 40 张叶片，共 200 片叶，其中未发病 50 片，1 级病叶 100 片，2 级病叶 35 片，3 级病叶 10 片，4 级病叶 5 片。试计算病叶率和病情指数。

黄瓜霜霉病病叶严重度分级标准：

0 级：叶片无病斑；

1 级：病斑占叶片面积的 10%以下；

2 级：病斑占叶片面积的 10%～20%；

3 级：病斑占叶片面积的 20%～50%；

4 级：病斑占叶片面积的 50%以上或叶片枯死。

计算：

$$病叶率（\%）=\frac{病叶数}{调查总叶数}\times 100=\frac{150}{200}\times 100=75\%$$

$$病情指数=\frac{(50\times 0)+(100\times 1)+(35\times 2)+(10\times 3)+(5\times 4)}{200\times 4}\times 100=\frac{100+70+30+20}{800}\times 100=\frac{220}{800}\times 100=27.5$$

（注：病情指数不用百分符号）

3. 损失率的计算

测定病虫害造成的损失率比较复杂，有的病虫害的被害率与损失率很近似，如瓜类枯萎病、茄子黄萎病等系统性病害，其发病率基本上就是损失率，但大多数病虫害并非如此，往往是通过统计不同年份的产量来测算损失程度，或者通过试验来测定损失率。损失率的计算公式如下。

$$\text{损失率（\%）}=\frac{\text{未受害田平均产量}-\text{受害田平均产量}}{\text{未受害田平均产量}}\times 100$$

通过实验来测定损失率时，一般要设立面积相同，土壤肥力及水肥管理一致的防治区和不防治区，然后比较两个区的产量，得出损失率。计算公式如下。

$$\text{损失率（\%）}=\frac{\text{防治区产量}-\text{不防治区产量}}{\text{防治区产量}}\times 100$$

第三节　蔬菜病虫害的综合防治技术

一、综合防治的概述

“综合防治是对有害生物进行科学管理的体系，是从农业生态系总体出发，根据有害生物与环境之间的相互联系，充分发挥自然控制因素的作用，因地制宜协调应用必要的措施，将有害生物控制在经济允许水平之下，以获得最佳的经济、生态和社会效益”。即以农业生态全局为出发点，以预防为主，强调利用自然界对病虫的控制因素，达到控制病虫发生的目的；合理运用各种防治方法，相互协调，取长补短，在综合各种因素的基础上，确定最佳防治方案，利用化学防治方法时，应尽量避免杀伤天敌和污染环境；综合治理不是彻底干净消灭病虫害，而是把病虫害控制在经济允许水平以下；综合治理并不降低防治要求，而是把防治措施提高到安全、经济、简便、有效的水平上。

我国的植保方针是“预防为主，综合防治”，其原则是：采取农业防治与生物防治、物理防治、化学防治相结合的方法。农业防治是基础，协调利用生物、物理技术，科学合理地应用化学防治技术，合理使用农药、减少污染，将病虫害控制在经济允许水平之下。“预防”是贯彻植保方针的基础，“综合防治”不仅是防治手段的多样化，更重要的是以生态学为基础，协调应用各种必要的手段，经济、简易、安全、有效地持续控制虫害，而不是完全消灭。任何对有害生物的防治，如果脱离了这一指导思想，不算是好的综合防治。

实践证明，坚决贯彻执行植保方针，做好病虫害防治工作，是广大植保工作者光荣而艰巨的任务。

如瓜类枯萎病、茄子黄萎病、根结线虫病和多种病毒病以及钻蛀性害虫等。这些病虫害主要是通过种苗、带菌的堆肥或昆虫等传入的，一旦病、虫在当地发生，就会使危害蔓延扩大，不利于防治工作的进行。因此，把好种苗、肥料和传毒昆虫这几关就显得特别重要。要严格执行植物检疫制度，不从病区调运种苗；对种子严格处理，做到不经消毒处理不下种，不经土壤处理的菜田不定植；不施用未经腐熟的农家肥，及时清理田间残枝落叶和杂草，定期对棚室和架材消毒。

我国的“预防为主，综合防治”植保方针与国际上通用的“有害生物综合治理”（1PM）理念基本一致。综合防治是在农业生态系统中，在农业可持续发展的总方针指导下，根据有害生物与环境之间的关系，创造和利用生态系统中的各种不利于有害生物生长繁殖、而有利于作物健康生长和有益生物生存和繁殖的因素，发挥生态系统的调控作用，充分利用天敌对害虫的抑制能力，增强作物的抗逆性；保证作物健康生长。

二、综合治理的原则

1. 以农业生态学为基础

寄主植物、病原或害虫、自然天敌三者之间相互依存，相互制约。它们同在一个生态环境中，又是生态系统的组成部分，它们的发生和消长又与共同的生态环境的状态密切相关。综合治理就是在蔬菜播种、育苗、移栽和管理的过程中，有针对性地调节生态系统中某些组成部分，创造一个有利于植物及天敌的生存，不利于病虫发生发展的环境条件，从而预防或减少病虫的发生与为害。

2. 以可持续发展为标准

植物病虫害的综合治理，要从病虫害、寄主植物、天敌、环境之间的自然关系出发，充分利用自然控制病虫害的观念出发，科学的选择及合理的使用农药，特别要选择高效、无毒或低毒、无污染、有选择性的农药，防止对人、畜造成毒害，减少对环境的污染，保护和利用天敌，不断增强自然控制力。

生态系统的各组成部分关系密切，要针对不同的防治对象，又考虑对整个生态系统的影响，协调选用一种或几种有效的防治措施。如农业防治、生物防治、物理机械防治、药剂防治等措施。对不同的病虫害，采用不同对策。各项措施协调运用，取长补短，又要注意实施的时间和方法，以达到最好的效果。同时将对农业生态系统的不利影响降到最低限度，以利于农业的可持续发展。

3. 以提高经济效益为目的

防治病虫害的目的是为了控制病虫的为害，使病虫害的为害程度不足以造成经济损失，即经济允许水平（经济阈值）。根据经济允许水平确定防治指标，为害程度低于防治指标，可不防治，否则要及时防治，以保证蔬菜商品产量和品质，以最低的防治病虫害的成本，取得最大的经济效益。

三、综合防治的主要措施

1. 农业防治

农业防治就是根据农业生态系统中病虫、作物和环境条件三者之间的关系，结合农作物整个生产过程中的栽培管理措施，改变条件，使之不利于病虫的发展，而有利于农作物的生长发育，对病虫起到一定的抑制作用。

主要的措施有：选用抗病虫品种，培育健康幼苗，加强田间管理，改进耕作制度，嫁接技术的应用等。

（1）选用抗病、虫品种。作物品种的抗病、抗虫程度可分为以下几种：一是具有免疫性或抗病性、抗虫性或避虫性的品种，这样的品种种植后不受病虫危害；另一类品种，具有补偿能力，虽然受害但损失不大，这是一类具有忍耐性的耐病、耐虫品种；而不具有抗性，又无忍耐性的品种就是感病品种、感虫品种。

抗病、抗虫品种往往表现在形态特征和组织结构上，如表皮和角质层蜡质的有无气孔的结构和开闭特征等，对于某些害虫的产卵或取食，以及对病菌的侵入都有密切的关系。另外，蔬菜中含有特殊物质也可抵制某些病虫的危害，如葱蒜类含有杀菌成分，对许多病菌有抑制或杀菌作用。在蔬菜中利用杂交品种的杂交优势能获得抗病、抗虫高产的效果。

（2）培育健康幼苗。无病虫的健康幼苗是获得蔬菜优质高产的基础，首先要对苗床消毒，并用小拱棚和防虫网阻隔害虫，在苗床施足基肥和浇足水后，主要是注意温度的管理。高温、高湿会造成弱苗，在幼苗能忍耐的温度下，应尽可能进行低温锻炼，以便培育健康幼苗。

（3）加强田间管理。除注意肥水管理外，调节播期可以防治病虫危害，如北京地区大白菜掌握在立秋前后 2～3 天播种，可以减轻病毒病、霜霉病和软腐病的危害。清洁田园也是非常重要的措施，菜田里的枯枝落叶和杂草常为大量病菌和害虫的栖息和越冬的场所，因此要及时清除上茬作物的残体和杂草，可明显降低病菌和害虫的来源。

（4）改进耕作制度。连续多年种植单一品种的蔬菜，会造成病虫害逐年加重的趋势，尤其在设施栽培中更为突出。如连年种植蔬菜的保护地里苗期病害、疫病、枯萎病以及线虫病害逐年加重，应施行轮作或间套作，如施行茄科蔬菜与葱蒜类蔬菜轮作或间套作，可减轻病虫的危害；露地蔬菜间作甜玉米等高秆作物可减轻虫害和病毒病害；播种期的调整可以避开病虫发生的高峰期。

（5）嫁接。嫁接技术已经成功在黄瓜、番茄、茄子等蔬菜上应用，增产和防治效果明显。利用嫁接可有效防治茄子、番茄黄萎病、枯萎病、根腐病和根结线虫等土传病害。主要是利用野生茄子做砧木，做砧木的野生茄子：刺茄、托鲁巴姆、无刺茄砧等，对砧木和接穗要进行播期的调整，用劈接法嫁接，防效达90％以上，具体嫁接方法见第三章茄果类蔬菜真菌病防治一节。

2. 植物检疫

植物检疫也称法规防治。指一个国家或地区由专门机构依据有关法律法规，应用现代科学技术，禁止或限制危险性病、虫、杂草等危险性生物通过贸易、种质交流或调运等通过人为的传入或传出，或者传入后为限制其继续扩展所采取的一系列措施。

植物检疫工作的范围就是根据国家所颁布的有关植物检疫的法令、法规、双边协定和农产品贸易合同上的检疫条文等要求开展工作。对植物及其产品在引种运输、贸易过程进行管理和控制，目的是达到防止危险性有害生物在地区间或国家间传播蔓延。

植物检疫分对内检疫和对外检疫。对内检疫的主要任务是防止和消灭通过地区间的物资交换、调运种子、苗木及其他农产品、园艺产品贸易等而使危险性有害生物扩散蔓延。故又称国内检疫。对外检疫是国家在港口、机场、车站和邮局等国际交通要道，设立植物检疫机构，对进出口和过境应当检疫的植物及其产品实施检疫和处理，防止危险性有害生物的传入和输出。

（1）确定植物检疫对象的原则。①一旦传入对植物危害性大，经济损失严重，目前尚无高效、简易控制方法的；②可人为随种子、苗木、农产品、园艺产品及包装物等运输，作远距离传播的危险性有害生物；③ 繁殖力强、适应性广、难以根除的；④国内或当地尚未发现或局部已发生而正在消灭的。

（2）实施植物检疫的主要措施。①调查研究，掌握疫情：首先要了解国内外危险性病、虫、草等有害生物的种类、分布和发生情况。有计划地组织调查当地发生或可能传入的危险性病、虫、草种类，分布范围和危险程度。②划定疫区和保护区：凡发生检疫对象的地区，称为该检疫对象的疫区，未发生的地区称为保护区；对疫区应采取封锁和扑灭的措施；对保护区要采取一切检疫措施加以保护。③采取检疫措施：凡从疫区调出的种子、苗木、农产品及其他播种材料应严格实施检疫，未发现检疫对象的发给“检疫证书”；发现有检疫对象，经彻底消毒处理后，经复查合格后可发给“检疫证书”；无法消毒处理的，可按不同情况给予禁运、退回、销毁等处理。严禁带有检疫对象的种子、苗木、农产品及任何可能带有检疫对象的材料进入保护区。

（3）实施植物检疫的方法。①现场检疫：现场检疫包括依法登船、登车、登机实施检疫，依法进入港口、车间、机场、邮局实施检疫，依法进入种植、加工、存放场所实施检疫。②产地检疫：产地检疫是实施植物检疫的基础，其主要任务是根据输入国检疫要求、检疫实际需要以及检疫物供需单位、个人要求，到入境或出境检疫物的产地进行检疫。产地检疫时依据进出境检疫物种类，应检病、虫、杂草的生物学特性选择一种或几种适当的方法进行。检疫不合格者，暂停进口或出口。③隔离检疫：《检疫法》规定，输入的植物种子、苗木和其他繁殖材料，在以下三种情况下要隔离检疫，一是某些植物危险性病、虫、杂草，特别是许多病毒，在输入的种苗上往往表现隐症，口岸抽样检查时很难检出，而在生长发育期间容易鉴别；二是国家公布的病、虫、杂草名录有一定的局限性，《检疫名录》中的某些病、虫、杂草虽然在国外发生不太严重，传入国内后，可能由于生态环境的改变有利于其发生危害，并造成重大经济损失；三是当引进的植物带有微量病原物时，口岸抽样检查很难发现疫情，传入后，可能大量繁殖而引起严重的流行危害。隔离检疫需要隔离检疫场所。④室内检疫：根据进出境国的双边协定和检疫条款，对代表样品和发现的病、虫、杂草，按其生物学特性分别在室内采用一种或几种检疫方法进行检查和鉴定。目前，分子生物学检测方法已被广泛应用于植物检疫，不仅大大提高了检疫效率，而且检疫结果更准确可靠。

植物检疫工作目前面临严重的挑战，不仅是对外检疫工作的压力，而且境内各省之间，各县之间同样具有检疫工作的迫切性，作为基层植保员应积极配合检疫部门，增强植物检疫观念，广泛开展调查，围剿检疫性病、虫、杂草等有害生物的传播和蔓延。

3. 物理防治

通过人工或机械的办法达到防治病虫害的目的，如人工捕杀害虫，采集卵块；诱虫灯诱杀；防虫网阻隔害虫；黄板诱杀；日光晒种，温汤浸种，高温土壤消毒等方法都能达到防治病虫害的目的。

（1）防虫网阻隔防虫。此技术已在美国、日本等发达国家普遍采用，我国在北京、深圳以及江苏等地已经大量使用。通过覆盖防虫网，可将害虫挡在田地之外，使用得当防治效果可达 90%以上。防虫网是以高密度聚乙烯为主要材料，并添加抗老化和抗紫外线等助剂，精加工编制而成的不同规格的网纱。使用方法有以下三种：①温室出入口及通风口设置网纱。②覆盖拱棚，在拱棚的拱架上全封闭覆盖。③将防虫网直接覆盖在播种后的地面或定植后的菜苗上。使用防虫网时应注意以下几点：一是棚室覆盖防虫网之前，一定要进行土壤消毒，杀灭棚室内潜伏的害虫和虫卵。二是接触地面的网纱一定要用土封严，不留空隙。三是根据防治对象选择不同规格的网纱，防治棉铃虫、斜纹夜蛾、小菜蛾的可选用20～25目的防虫网，而防治蚜虫、飞虱、斑潜蝇等要采用40～50目网纱。四是防虫网必须全生长期覆盖。五是经常察看防虫网上是否有虫卵，如有虫卵应及时清除，以防孵化幼虫钻入防虫网内。六是防虫网使用后，要及时清洗，放置在阴凉处，妥善保管，以便延长使用寿命。

（2）诱虫灯诱杀。频振式杀虫灯在全国大面积应用，取得了很好的经济效益和生态效益。该灯利用害虫趋光性的原理，将光锁设在一定波长，并装配频振高压电网触杀，可诱杀多种害虫，降低田间落卵量，减少虫口密度。该方法可减少化学农药使用量，从而降低农药残留和环境污染，并能保护天敌，是生产无公害、绿色和有机蔬菜的主要防治技术。

（3）黄板诱杀。利用黄色黏虫板诱杀害虫，已经是普遍采用的技术，其原理是利用一些害虫对黄色的趋性，将害虫诱杀。商品黏虫板成本较高，可自制黄板。可选用50厘米×20厘米纤维板或硬纸板，上面涂上橘黄色调和漆，晾干后，在上面再涂上一层油剂（10号机油加黄油，比例5：1），每667平方米使用30～35块，为了使用方便，可在黄板外覆盖一层保鲜膜，再将调制的油剂涂在保鲜膜上，粘满害虫以后将保鲜膜换掉即可。使用时应注意以下几点：①挂黄板应在害虫初发生的阶段，以便将害虫控制在比较低的水平。②应将黄板挂在植株顶部20～30厘米处，植株长高应不断提升黄板。③当黄板粘满害虫或灰尘时，应及时更换。

4. 化学农药防治

化学农药防治是指利用化学合成的农药防治有害生物的方法。在蔬菜病虫害防治中化学农药防治是普遍使用的方法，其优点是防治对象广，防治效果明显，见效快，使用方便，化学农药具有适用各种使用方法的剂型，可工业化大量生产，远距离运输和较长时间保存，使用不受地区和季节的限制，因此化学农药防治在综合防治中占有非常重要的位置。但长期和单一使用化学农药会导致抗药性的产生；化学农药对天敌和有益生物的大量杀伤，严重破坏了生态平衡，引起主要病虫害的再度猖獗和次要病虫害的大发生；化学农药会造成对环境和蔬菜的污染，威胁人类的健康。为了充分发挥化学农药在综合防治中的优势，逐步克服和减少化学防治存在的问题，使用化学农药一定要科学合理。在蔬菜上应用化学农药防治病虫害时，首先要严格禁止使用剧毒农药，如甲胺磷、对硫磷、甲基对硫磷、久效磷、氧化乐果等，选用高效、低毒、低残留的有利环保的农药，尽可能使用生物农药，并注意与农业防治、物理防治和生物防治协调进行，尤其与生物防治协调和互补。

在化学防治中，首先要“对症下药”，根据不同防治对象，有针对性地用药，根据农药剂型、病虫害种类，选择不同的施药方法，可用喷雾、喷粉、烟雾法、种子处理、土壤消毒、灌根、蘸花、涂抹等方法。使用化学药剂防治病虫害时，还应特别注意抗药性问题，一种农药在一个生长季节里一般使用2～3次就应更换，延缓抗药性的产生，即交替使用或使用混配制剂；使用农药时不可随意加大使用浓度；使用时期上应在发病前或发病初期，害虫要在3龄幼虫前用药；一般在蔬菜收获前1周停止用药。

5. 生物防治

利用有益生物或其代谢产物来防治有害生物的方法统称生物

防治。此方法对人、畜和植物安全，保护有益生物和环境，是发展可持续农业的重要组成部分。因此，生物防治在综合防治中占有重要地位。实施生物防治首先要认识自然界中害虫的天敌，天敌是控制害虫大发生的重要因素，所以注意保护和利用天敌，避免或减少对天敌的伤害，创造适于天敌的生存和繁衍的生态环境，充分发挥天敌控制害虫的作用，同时提倡使用生物农药并人工繁殖有益生物。

（1）以菌治虫。已应用的微生物杀虫剂有苏芸金杆菌（Bt）、白僵菌和核型多角体病毒（NPV）防治蔬菜上的鳞翅目害虫（如棉铃虫、斜纹夜蛾和小菜蛾等）。

（2）以虫治虫。利用天敌昆虫防治害虫又称“以虫治虫”，天敌昆虫常见的有捕食性天敌（如草蛉、食蚜蝇、瓢虫、胡蜂等）和寄生性天敌（如寄生蜂、寄生蝇等）。通过保护自然界天敌昆虫、人工繁殖和释放天敌昆虫以及引进外地天敌昆虫来达到“以虫治虫”的目的。

（3）利用微生物的代谢产物防治病虫害。如农用链霉素、多杀菌素、多抗霉素的利用等。

（4）利用有益生物防治害虫。有益生物包括鸟类、家禽、青蛙、蜘蛛等，在鸟类中有多半是以昆虫为食，所以应大力造林挂鸟巢招引益鸟；养鸡吃虫是一举两得的好事；对于其他有益生物应加以保护利用，使其在农业生态系统中充分控制害虫的作用。

（5）利用昆虫激素防治害虫。用昆虫保幼激素 2 号、JH25 防治烟青虫、蚜虫效果明显；利用性外激素诱杀或干扰雌雄交尾来控制害虫，在生产上已经使用。另外，用不育性控制害虫也已试用。

（6）以菌治菌。利用有益微生物达到控制植物病害的发生、发展，已应用的有益微生物细菌中有放射土壤杆菌、荧光假单胞杆菌、枯草芽孢杆菌，真菌有哈茨木霉及放线菌。

四、综合防治方案的制订

1. 综合治理方案的主要类型

作为基层植保员制定综合防治计划时，主要有两种方案：一是针对某一个主要病害或虫害为对象，尽可能采取简便易行的防治手段，达到最好的防治效果来制定的综合防治计划；另一个是以作物为对象，把发生在该作物上的全部病虫害作为防治对象，本着以主要病虫害为重点，兼顾次要病虫害的原则，按轻重、主次来制定综合防治计划。

另外，以整个园田为对象，制定综合治理措施。以某个地区的园田为对象，通过对园田的生态环境治理，加强病虫害的预测预报工作以及综合治理措施的协调运用，制订各种主要蔬菜上的重点病、虫、草等有害生物的综合治理方案，并将其纳入整个园艺生产管理及整个生态环境管理体系中去，进行科学系统的管理。成虫喜欢在嫩叶处群居为害和产卵，粉虱的最低发育温度为8℃左右，繁殖最适宜温度为18～21℃。成虫对黄色有强烈趋性；白粉虱与烟粉虱对温度的适应性有明显区别，烟粉虱更适应高温气候条件。

2. 制定综合防治方案的原则

农作物有害生物的综合治理，应认真贯彻我国“预防为主，综合防治”的植保方针，把预防为主放在重要位置，充分认识“防重于治”的重要性，并应在制定与实施综合防治中体现出来。在制定综合防治计划时，首先要把优化农业生态系统作为出发点，以达到农业可持续发展为目标作为基本思路，充分利用自然的有利的生态条件，控制有害生物的数量，在实施综合防治各项措施时，突出重点，互相协调，以最低的成本，达到最大的经济效益和生态效益。

制定综合防治计划的基本要求是“安全、有效、经济、实用”。安全指对人、畜安全，对蔬菜安全，对天敌和环境安全；根据当地情况采用成本低，简单实用的措施，达到提高蔬菜的品质和产量。

总之综合防治是贯彻我国“预防为主，综合防治”植保方针的具体措施，是运用各种防治手段，对某一种病、虫或某种蔬菜上多种病虫害采取综合治理的科学方法，以达到最好的经济效益和生态效益。

参考文献

[1] 商鸿生，王凤葵．蔬菜植保员手册．北京：金盾出版社，2009.

[2] 汪钟信．蔬菜植保员培训教材（南方本）．北京：金盾出版社，2008.

[3] 张元恩．蔬菜植保员培训教材（北方本）．北京：金盾出版社，2008.

[4] 冯德超．蔬菜植保员实用手册．北京：中国农业科学技术出版社，2010.